Strategie-Leitfaden für die Praxis

Bk81 8/2015

Gilbert Probst • Christian Wiedemann

Strategie-Leitfaden für die Praxis

2., aktualisierte Auflage

Springer Gabler

Prof. Dr. Gilbert Probst
Universität Genf
World Economic Forum
Genf, Schweiz

Dr. Christian Wiedemann
Strategic Knowledge Group GmbH
Zürich, Schweiz

ISBN 978-3-658-02158-0
ISBN 978-3-658-02159-7 (eBook)
DOI 10.1007/978-3-658-02159-7

Die Deutsche Nationalbibliothek verzeichnet diese Publikation in der Deutschen Nationalbibliografie; detaillierte bibliografische Daten sind im Internet über http://dnb.d-nb.de abrufbar.

Springer Gabler

Lektorat: Juliane Wagner

Gedruckt auf säurefreiem und chlorfrei gebleichtem Papier

Springer Gabler ist eine Marke von Springer DE. Springer DE ist Teil der Fachverlagsgruppe Springer Science+Business Media
www.springer-gabler.de

Vorwort

Der vorliegende Leitfaden führt in die Strategie-Methodik ein, welche von den Professoren Gomez und Probst im Rahmen der systemorientierten Management-Lehre entwickelt wurde. Damit griffen sie einerseits das Phänomen auf, dass Führungskräfte sich zunehmender Umwelt- und Geschäftskomplexität gegenüber sahen. Andererseits gab es zwar verschiedene Instrumente zur Anwendung im Strategie-Prozess. Da die Instrumente allerdings unabhängig voneinander konzipiert wurden, mangelte es an einem übergreifenden, integrierenden Element. Hier setzt die Strategie-Methodik an: Sie unterstützt eine strukturierte Entwicklung und Umsetzung von Strategien. Und das mit nachhaltigem Erfolg:

Erstens prägt die Methodik seit den 1990er Jahren die Lehre an der Universität St. Gallen und an der Universität Genf. Ebenfalls wird sie im Verein Schweizer Kurse für Unternehmensführung (SKU) gelehrt. Zweitens hat sich die Methodik seit über 20 Jahren vielfach in der Praxis bewährt. Denn sie holt Organisationen in ihrer von Vielfältigkeit, Vielschichtigkeit und Unsicherheit geprägten Welt ab. In ihr sind Organisationen gefordert, unvorhergesehene Chancen und Gefahren strategisch und taktisch clever und rasch zu nutzen. Dies verlangt nach einem neuen Denken, einem ganzheitlichen, vernetzten, systemischen Denken: Es lenkt den Blick auf die Beziehungen und Abhängigkeiten, die Muster und Dynamiken zwischen den Teilen eines Systems sowie zwischen einzelnen Systemen. Damit schafft es die Voraussetzung für adäquate Strategie-Entscheidungen in komplexen Zusammenhängen.

Dieser Strategie-Leitfaden hat seine Vorläufer: Das Werk von Gomez und Probst „Die Praxis des ganzheitlichen Problemlösens“[1] und das Lehrskript für

[1] Gomez, P., & Probst, G. (2007). *Die Praxis des ganzheitlichen Problemlösens. Vernetzt denken – Unternehmerisch handeln – Persönlich überzeugen*. 3. Aufl. Bern: Haupt.

SKU-Teilnehmende. Wir haben Letzteres zusammen in unseren jeweiligen Funktionen als Dozenten an den Universitäten St. Gallen, Genf und der SKU sowie als Partner der Strategic Knowledge Group GmbH (SKGROUP) verfasst, die die Strategie-Methodik seit Jahren in der Beratung konsequent und erfolgreich anwendet.

Aus dieser Historie heraus haben wir das vorliegende Buch weiterentwickelt: Aktualisiert, ergänzt und erweitert durch die Erfahrungen von SKU-Teilnehmenden, von Geschäftspartnern und aus der Beratungspraxis. Es freut uns sehr, dass viele Praktiker der Verwendung von Strategie-Beispielen aus ihren Organisationen zugestimmt haben. Ihnen danken wir herzlich. Besonderer Dank gilt Urs Rickenbacher, Herbert Oberhänsli, Stefan Knellwolf, Frank Brinken und Peter Böhni für die Schilderung der ausführlichen Fallbeispiele ihrer Unternehmen Lantal Textiles AG, Nestlé, Starrag Group und Bühler AG. Ebenso gilt unser Dank Flora Ferlic und Sebastian Raisch für die Nestlé Wachstum-Studie und Stephan Mergenthaler für die Szenarien aus dem World Economic Forum.

Abschliessend möchten wir insbesondere Svenja Espenhorst und Deborah Solenthaler für ihre engagierte Mitarbeit bei der Entstehung unseres Strategie-Leitfadens danken. Für ein Buch gilt Ähnliches wie für ein Kind: Es braucht ein ganzes Dorf, in diesem Fall ein Team, um es großzuziehen.

Wir wünschen Ihnen eine spannende und mehrwert-bringende Lektüre.

Oktober 2013 Gilbert Probst · Christian Wiedemann
Genf und Zürich

Inhaltsverzeichnis

Abbildungsverzeichnis

Tabellenverzeichnis

1 Zu Beginn

Zusammenfassung

Der Leitfaden führt Entscheidungsträger, Betroffene, Lernende und Neugierige systematisch durch den Prozess der Strategie-Entwicklung und -Umsetzung. Die vorgestellte Methodik geht von Organisationen als produktive, offene, soziale Systeme im gesellschaftlichen Kontext aus. Um diese Systeme zielgerichtet zu gestalten und zu lenken, sind ihre Komplexitäten, sind die Dynamiken, Nichtlinearitäten, Abhängigkeiten und Wechselwirkungen, die sie und ihr Umfeld prägen, zu berücksichtigen. Durch einen so angeleiteten Strategie-Prozess gewinnt eine Organisation Fähigkeiten, die ihr den Umgang mit der Komplexität erleichtern: Denken in Varianten, Interdisziplinarität, Einnehmen unterschiedlicher Perspektiven, Schnelligkeit, Agilität und Flexibilität. So können Organisationen interne und externe Spontanereignisse gewinnbringend für sich nutzen. Und dies wiederholt: Denn die im Strategie-Prozess gesammelten Erfahrungen fließen in einen nächsten Strategie-Prozess wieder ein. Dadurch entwickelt sich ein kontinuierlicher Lernprozess.

1.1 Zielgruppe und Inhalt des Leitfadens

Wie der Begriff „Strategie-Leitfaden" schon suggeriert, ist dies ein Buch aus der Beratungs- und Anwendungspraxis für die Praxis: Dieser Leitfaden richtet sich an alle, die sich in einer Organisation mit Strategie-Entwicklung und -Umsetzung beschäftigen oder von ihr betroffen sind. Auch richtet er sich an Lernende und Neugierige, die möglicherweise zukünftig Gestaltenden von Strategien.

Um Sie als Anwendende, Betroffene, Lernende und Neugierige kurz und knapp als aktiv agierend im Text darzustellen, wurde eingangs der Begriff „Strategiever-

G. Probst, C. Wiedemann, *Strategie-Leitfaden für die Praxis*,
DOI 10.1007/978-3-658-02159-7_1, © Springer Fachmedien Wiesbaden 2013

antwortliche“ gewählt, selbst wenn noch nicht alle „verantwortlich“ sein mögen. Sie werden im Plural genannt, denn Strategie-Entwicklung und -Umsetzung ist keine Einzelkämpferdisziplin. Ihnen ist es erlaubt, teilweise ist es gar ein Muss, andere Betroffene oder Experten hinzuzuziehen: Sei es, weil Sie sich der Akzeptanz und Unterstützung durch Andere versichern wollen oder sei es, weil Sie selbst nicht alle Details kennen. So definieren Sie dann ein Strategie-Team, mit dem Sie wirken. Von da an ist bis zur Strategie-Umsetzung vom Strategie-Team oder kurz Team die Rede, selbst wenn Sie hin und wieder auch mit weniger Personen Entscheidungen treffen.

Viele Beispiele begleiten die Ausführungen. Falls Sie sich über das Praktische hinaus für die theoretischen Hintergründe interessieren, so finden Sie dazu weitere Informationen ausgewiesen mit dem Zusatz „Was steckt dahinter?“

Ein weiteres Wort zum Strategie-Verständnis: In jeder Organisation wird Strategie anders gehandhabt. So können beispielsweise Strategie-Berater ein Tabu sein. Oder Aktivitäten, die als „strategisch“ bezeichnet sind, sind dem Top-Management vorbehalten. Ähnliches gilt für die Anwendung von Strategie-Methoden und -Werkzeugen. Organisationen setzen sie nach eigenen Vorstellungen ein, bewerten sie unterschiedlich und benutzen dafür eigene Begrifflichkeiten. So etwa gebraucht eine Organisation eine Balanced Scorecard (BSC), aber nennt sie „Erfolgsplan“. Für eine zweite Organisation ist die BSC das zentrale Führungsinstrument, während eine dritte Organisation sie aufgrund schlechter Erfahrungen mittlerweile grundsätzlich ablehnt. Solche kulturellen Gepflogenheiten sollten Sie bei der Gestaltung Ihres Strategie-Prozesses beachten.

Die Strategie-Methodik, die dieser Leitfaden vorstellt, besteht aus fünf, aufeinander aufbauenden Phasen mit jeweils mehreren Schritten (vgl. Abb. 1.1). Jeder Phase ist nachfolgend ein Kapitel zugeordnet, das die Schritte genauer erläutert. Die Unterkapitel enden jeweils mit einem Kurzcheck, der Ihnen die Gelegenheit gibt, Ihre Strategie-Entwicklung in jeder Phase auf den Prüfstand zu stellen. Dort werden Sie direkt angesprochen.

Der Einfachheit halber geht der Leitfaden – wenn nicht anders erwähnt – von einem Strategie-Prozess auf Ebene der Gesamt-Organisation aus. Jedoch können Sie die Methodik auch auf anderen Ebenen anwenden – sei es zum Beispiel in einem Bereich oder für bestimmte Funktionen. Zu beachten ist, dass jedes Mal unterschiedliche Vorgaben und Rahmenbedingungen gelten. Diese loten Sie zu Beginn des Strategie-Prozesses aus.

Begleitend zu der Strategie-Methodik können Sie Arbeitsvorlagen nutzen. Teilnehmende der Schweizer Kurse für Unternehmensführung (SKU) können die Vorlagen anwendungsfertig vom SKU-Intranet herunterladen. Andere finden sie im Internetauftritt der Strategic Knowledge Group GmbH (www.skgroup.ch).

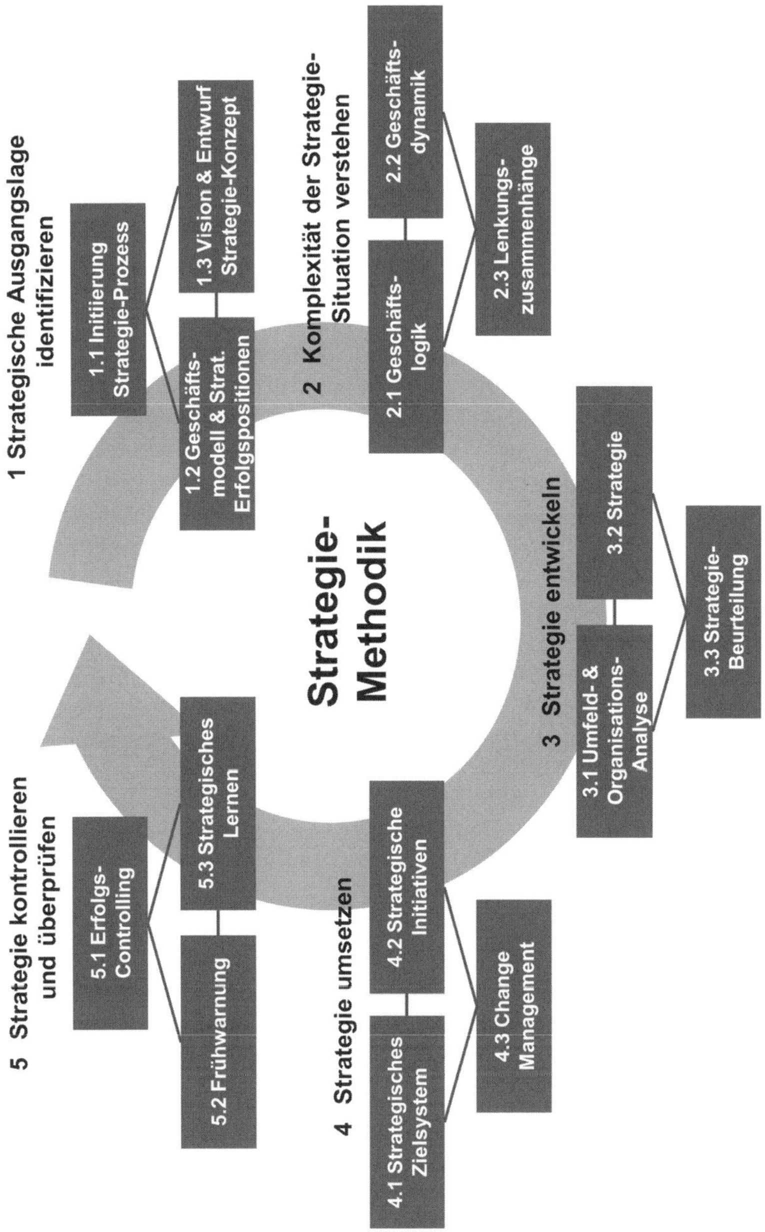

Abb. 1.1 Strategie-Methodik

1.2 Einführung in strategisches Management

Strategische Überlegungen reichen weit in die Geschichte zurück. Sie haben ihre Wurzeln in der Militärhistorie. Bereits der chinesische General Sun Tzu (ca. 500–300 v. Chr.) suchte nach einer begrifflichen Erfassung von Strategie: „The art of war is of vital importance to the State. It is a matter of life and death, a road either to safety or to ruin. Hence it is a subject of inquiry which can on no account be neglected." ([4], S. 3). Ein weiterer berühmter Vertreter des Militärs, der sich mit Strategie auseinandersetzte, war Carl von Clausewitz (1780–1831). Dieser sah im 19. Jahrhundert Strategie an als „die Lehre vom Gebrauch der Gefechte zum Zwecke des Krieges" und grenzte davon die Taktik ab als „die Lehre vom Gebrauch der Streitkräfte im Gefecht". Mit seinem postum erschienenen Werk „Vom Kriege" schuf er die Grundlagen für die Übertragung von militärischem Gedankengut auf die Wirtschaft.

Theoretische Konzepte für ein „Strategisches Management" bezogen auf unternehmerisch tätige Organisationen kamen erst ab 1960 auf. Sie wurden zunächst wesentlich durch US-amerikanische Business Schools, besonders durch deren Vertreter Edith Penrose, Alfred Chandler, Kenneth Andrews und Igor Ansoff geprägt. Große Beratungsunternehmen wie McKinsey und Boston Consulting Group ergänzten und erweiterten sie durch anwendungsbezogene Ansätze. Damit trugen sie wesentlich zu einer raschen Verbreitung der neuen Ideen bei (vgl. [3]).

In den 1980er Jahren entwickelte sich eine systemorientierte Richtung, getragen durch Vertreter wie Hans Ulrich, Walter Krieg, Peter Gomez, Gilbert Probst, Peter Senge und Fredmund Malik. Die systemorientierte Managementlehre zeichnet sich dadurch aus, dass sie Organisationen als produktive, offene, soziale Systeme im gesellschaftlichen Kontext begreift. Management bedeutet, diese Systeme zielgerichtet zu gestalten und zu lenken, und zwar unter Berücksichtigung von Dynamiken, Nichtlinearitäten, gegenseitigen Abhängigkeiten und Wechselwirkungen, die das System selbst und sein Umfeld prägen. Als ganzheitlicher Ansatz integriert die systemorientierte Managementlehre die verschiedenen Teilfunktionen einer Organisation und hat Umgangsweisen mit Komplexität entwickelt.

Organisationen als offene Systeme – was steckt dahinter?

Der Gedanke, Organisationen als offene Systeme zu verstehen, geht auf Hans Ulrich (1984) zurück. Das bedeutet, dass Organisationen nicht isoliert von ihrem Umfeld betrachtet werden können. Sie sind mit der Wirtschaft, der Politik und der Gesellschaft verflochten. Sie müssen laufend interne und externe Veränderungen registrieren und ihnen auf strategischen und operativen Ebenen begegnen. Nur so können sie dauerhaft erfolgreich sein. Entsprechend vollzieht sich Organisationsführung „... als ständiger Anpassungsprozess zwischen der Unternehmung und einer vielschichtigen und dynamischen Umwelt, mit dem Ziel, dauernd in einem Fließgewicht in der Gesellschaft zu stehen." ([5], S. 52)

1.3 Strategieentstehung und -gestaltung in einer Organisation

Die Komplexität in der Wirtschaftswelt hat in den letzten Jahrzehnten stark zugenommen. Sie resultiert aus dem vernetzten, dynamischen, globalen Wirtschaften. Gleichzeitig steigen das Sicherheitsbedürfnis und der Leistungs- und Ergebnisdruck. Angesichts dessen scheinen Patentrezepte zu versagen. Die Flut an Informationen erschwert es, unternehmensindividuell angepasste, Erfolg versprechende Lösungen zu entwickeln. Verlässliche Aussagen über die Zukunft sind kaum möglich. Die Komplexität wird zum Stolperstein. Deshalb gilt mehr denn je: „Es kommt nicht darauf an, die Zukunft vorherzusagen; es kommt darauf an, auf die Zukunft vorbereitet zu sein" – eine Aussage, die dem griechischen Staatsmann Perikles (um 490 v. Chr.) zugeschrieben wird.

In der Betriebswirtschaftslehre ist man sich uneins, wie eine Strategie in einer Organisation entsteht. Zwei Positionen lassen sich unterscheiden: Die einen verstehen Strategie als langfristige, bewusst geplante Entwicklung einer Organisation. Sie gibt die einzuschlagende Richtung vor und setzt Leitplanken für den Handlungsspielraum. Anhand von Aktivitäten wird sie konkretisiert, um die gesteckten Ziele zu erreichen. Die anderen verstehen Strategie als ein ungeordnetes Muster in der Unternehmensentwicklung: Handlungen erfolgen ohne weitblickenden Plan. In der Rückschau setzen sich die Aktivitäten dann zu einem konsistenten Bild zusammen. Ein Unternehmen kauft beispielsweise aufgrund sich bietender Gelegenheiten ein Hotel in einer Stadt, nachher ein Restaurant in der Nähe und schließlich ein Hotel mit Gastronomiebetrieb auf dem Land. Damit hat sich das Unternehmen, ohne dies bewusst forciert zu haben, im Hotelbereich diversifiziert (Strategie als Muster) (vgl. [1]). Abbildung 1.2 stellt beide Positionen gegenüber (Quelle: [2], S. 12).

In der Realität existieren diese beiden Positionen nicht in Reinform, sondern ergänzen einander. Strategische Planung zwingt Organisationen dazu, sich bewusst mit der eigenen Organisation und deren Umfeld auseinanderzusetzen, wichtige Informationen aufzubereiten, Optionen systematisch und rational zu evaluieren und die Strategie sorgfältig zu implementieren – und zwar im Kontext von Struktur, Prozessen und Kultur. Denn Strategie kann nicht als isolierte Disziplin betrieben werden. Interne und externe Dynamiken erfordern möglicherweise schon während des Strategie-Prozesses kurzfristige Anpassungen. Durch die strategische Planung gewinnt eine Organisation Fähigkeiten, die ihr den Umgang mit ihrer Komplexität erleichtern: Denken in Varianten, Interdisziplinarität, Einnehmen unterschiedlicher Perspektiven, Schnelligkeit, Agilität und Flexibilität, Zusammenarbeit auch über Organisationsgrenzen hinweg sowie Umgang mit Diversität sind die neuen strategischen Kompetenzen. Durch sie können Organisationen interne und externe Spontanereignisse gewinnbringend für sich nutzen. Und dies wiederholt:

Abb. 1.2 Geplante und sich entwickelnde Strategie

Denn die im Strategie-Prozess gesammelten Erfahrungen fließen in einen nächsten Strategie-Prozess wieder ein. Insofern ersetzt Strategie – pointiert ausgedrückt – Zufall durch Irrtum: Eine Organisation kann nachvollziehen, welche Fehleinschätzungen und -entscheidungen zu dem Irrtum geführt haben und daraus lernen. Dadurch entwickelt sich ein kontinuierlicher strategischer Verbesserungsprozess.

Literatur

1. Lombrisier, R., & Abplanalp, P. A. (2010). *Strategisches Management: Visionen entwickeln – Strategien umsetzen – Erfolgspositionen aufbauen* (5., vollst. überarb. u. erw. Aufl.). Zürich: Versus.
2. Mintzberg, H., Ahlstrand, B., & Lampel, J. (2008). *Strategy safari. A guided tour through the wilds of strategic management* (2. Aufl.). New York: The Free Press.
3. Müller-Stewens, G., & Lechner, C. (2011). *Strategisches Management: Wie strategische Initiativen zum Wandel führen* (4., überarb. Aufl.). Stuttgart: Schäffer-Poeschel.
4. Sun, T. (2004). *The art of war*. New York: Barnes & Noble Classics.
5. Ulrich, H. (1984). *Management – Gesammelte Beiträge*. Bern und Stuttgart: Haupt.

2 Strategische Ausgangslage

Zusammenfassung

Grundlegend für den Erfolg des Strategie-Prozesses einer Organisation ist, von wo aus, mit welchen Mitteln, Vorstellungen und Rahmenbedingungen sie startet. Deshalb klären die Strategie-Verantwortlichen zuerst die Motive und Voraussetzungen. In einem zweiten Schritt untersuchen sie die strategische Ist-Situation der Organisation. Dazu identifizieren und analysieren sie das aktuelle Geschäftsmodell und die heutigen Strategischen Erfolgspositionen. Bei Unternehmen entstehen aus diesen die entscheidenden Vorteile gegenüber Mitbewerbern. Öffentliche Verwaltungen schöpfen daraus ihre Leistungsfähigkeit. Dann beschäftigen sich die Strategie-Verantwortlichen mit der Zukunft der Organisation: Sie entwickeln eine Vision sowie Vorstellungen über die zukünftigen Strategischen Erfolgspositionen ihrer Organisation. Abschließend zeigt das Fallbeispiel Lantal, wie eine Vision über Jahre hinweg entsteht und geschärft wird (Abb. 2.1).

2.1 Initiierung des Strategie-Prozesses

Interne oder externe Faktoren lösen in einer Organisation den Bedarf oder die Einsicht aus, dass es notwendig ist, aktiv die Zukunft zu gestalten. Ausgehend davon braucht es ein gemeinsames Verständnis für den weiteren Prozess. Dafür klären die Strategieverantwortlichen mit den wesentlichen Anspruchsgruppen Erwartungen, Ziele, Verantwortlichkeiten, Ressourcen und sonstige Rahmenbedingungen für die Strategie. Sie analysieren Widerstände und Unterstützung und suchen sich Verbündete. So kann schließlich der Strategie-Prozess starten.

G. Probst, C. Wiedemann, *Strategie-Leitfaden für die Praxis*,
DOI 10.1007/978-3-658-02159-7_2, © Springer Fachmedien Wiesbaden 2013

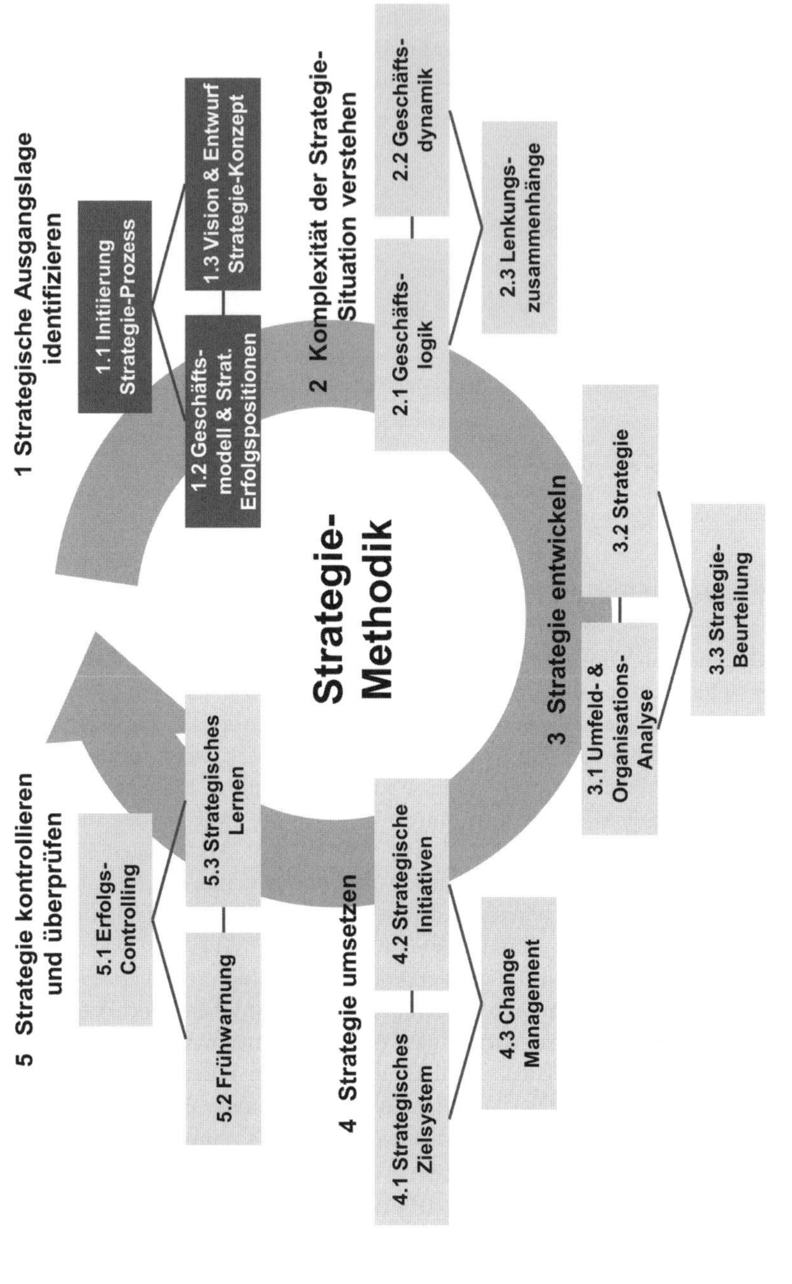

Abb. 2.1 Strategie-Methodik: Strategische Ausgangslage identifizieren

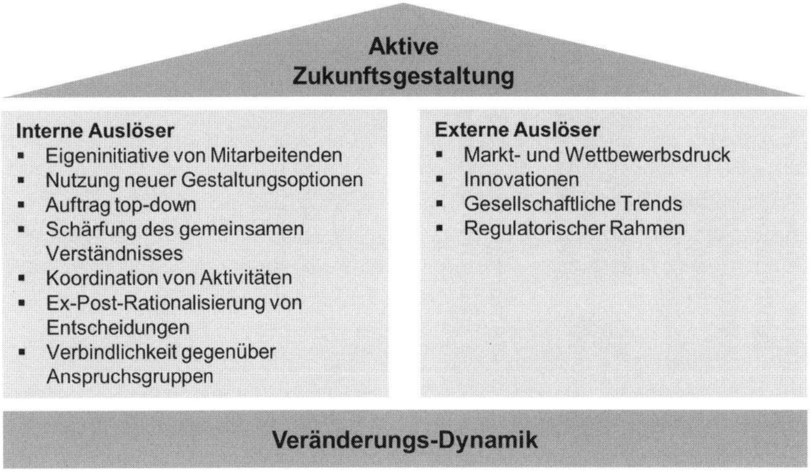

Abb. 2.2 Auslöser für eine Strategie-Situation

2.1.1 Identifikation einer relevanten Strategie-Situation

Eine Organisation kann auf verschiedene Arten zur Einsicht gelangen, dass es eine (Weiter-) Entwicklung ihrer Strategie bedarf (vgl. Abb. 2.2):

Intern können die Auslöser und Gründe vielfältig sein: Der Anstoss kann von Mitarbeitenden kommen, die ihre Organisation und die Umfeld-Entwicklungen kritisch reflektieren und daraus Schlüsse für die Zukunft der Organisation ziehen. Eine Strategie-Situation kann durch Personen angeregt werden, die neue Gestaltungsmöglichkeiten erhalten haben, etwa durch Änderungen in ihren Verantwortungsbereichen, und ihre neue Macht nun entfalten möchten. Übergeordnete Hierarchieebenen können Teilstrategie-Entwicklungen organisationsweit in Auftrag geben. Dies ist oft in größeren Konzernen der Fall. Das Management bricht eine Strategie top-down herunter: von der gesamtunternehmerischen Orientierung zu Geschäftsbereichen, Standorten oder Funktionen. Auch kann eine Strategie-Entwicklung forciert werden, um ein gemeinsames Verständnis über das weitere Vorgehen zu erreichen, um der Vielfalt an Aktivitäten eine einheitliche Richtung geben, um sie besser koordinieren zu können oder um gegenüber Anspruchsgruppen Verbindlichkeit zu schaffen und sich als verlässlicher Partner zu positionieren.

Anstelle Veränderungen im Markt- und Wettbewerbsumfeld abzuwarten, kann eine Organisation also vorbeugend agieren. So sieht die Firma Hawa AG, eine Spezialistin im Bereich Beschlagsysteme für Glas-/Metallbau, Holzbau, Schiebeläden und Möbel, es als wesentlich an, die eigenen Marktzugänge zu sichern. Deshalb besitzt sie mehr als 100 nationale und regionale Patente in ihren weltweiten Vertriebsmärkten.

Extern kann eine Strategie-Situation durch den Markt- oder Wettbewerbsdruck initiiert werden: Erstarkende Mitbewerber, fordernde Zulieferer, unzufriedene Kunden oder allgemein eine Konjunkturschwäche und der damit verbundene Nachfragerückgang forcieren eine strategische Reaktion von Organisationen. Beispielsweise sieht sich die Produktion von Feuermelder- und Alarmsystemen des Siemens Building Technologies Werkes in Volketswil, Schweiz, ständig herausgefordert, im Siemens-internen Kosten- und Qualitäts-Wettbewerb gegenüber anderen Werken zu bestehen. Immer wieder gilt es zu beweisen, dass Siemens-Werke in der Schweiz trotz hoher Lohnkosten, dank Innovationskraft und schlanker Prozesse, konkurrenzfähig sind.

Prozess- und Produkt-Innovationen können ebenfalls die Spielregeln im Markt ändern und für andere eine strategische Situation kreieren: Das Internet und das dadurch gewandelte Kundenverhalten haben Medien- und Verlagshäuser dazu gebracht, ihre Geschäftsmodelle zu überprüfen und zu reformieren.

Die Encyclopaedia Britannica (EB) zum Beispiel, die es sich seit knapp 250 Jahren zur Mission gemacht hat, der Allgemeinheit faktenbasiertes Expertenwissen zu liefern, hat sich bereits vor 35 Jahren von der Buchform hin zur Digitalisierung gewandt, um die Inhalte effizienter überarbeiten zu können. Allerdings hat sie erst in 2013 darauf verzichtet, die Enzyklopädie auch gedruckt neu aufzulegen. Um heute der Konkurrenz durch andere Anbieter, zu denen auch Wikipedia gehört, entgegen treten zu können, hat EB ihr Angebot an Online-Bildung auf- und ausgebaut. Des Weiteren hat EB ihre Absatzkanäle einem radikalen Wandel unterzogen: vom Haustürverkauf über den CD Direktvertrieb bis hin zum heutigen Verkauf von Digitalabonnements.

Auch verändern gesellschaftliche und regulatorische Trends bisherige Strategie-Situationen: So haben die erstarkte Umweltbewegung sowie gesetzliche Vorgaben zum CO_2-Ausstoss von Autos zur Konsequenz, dass Automobilhersteller an sparsameren und effizienteren Motoren arbeiten. Ein anderes Beispiel ist die angekündigte Liberalisierung des Erdgas-Sektors in der Schweiz: Kunden ist es zukünftig möglich, ihren Erdgas-Lieferanten frei zu wählen. Auch muss das Netz Dritten zur Durchleitung zur Verfügung stehen. Damit vergrössert sich der Wettbewerbsdruck für bisherige Marktteilnehmer und gibt Anlass, ihre Strategien zu überdenken.

Zu den internen und externen Auslösern hinzukommen muss, dass die Strategie-Situation als relevant eingeschätzt wird, damit das Projekt Akzeptanz findet und

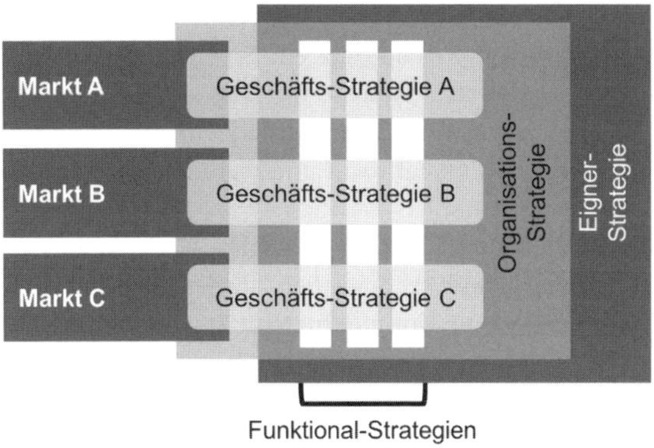

Abb. 2.3 Geltungsbereiche von Strategien

Ressourcen zur Verfügung gestellt werden. Als sachlich bedeutsam ist sie zu beurteilen, wenn sie aktuelle Fragen aufgreift, beziehungsweise für neue Herausforderungen, die den mittel- und langfristigen Organisationserfolg wesentlich beeinflussen, Antworten einfordert. Subjektive Relevanz ist gegeben, wenn das Management ihr Aufmerksamkeit widmet. Idealerweise gehen sachliche und subjektive Relevanz Hand in Hand. Wird der Strategiebedarf zudem als relativ akut und dringlich angesehen, stehen, kurzfristig spürbarer Nutzen und langfristig messbare Ergebnisse in Aussicht, steigt die Projektakzeptanz. Die Strategieverantwortlichen überprüfen deshalb diese Punkte vorab.

Alternativ kann eine Strategieentwicklung primär machtpolitisch motiviert sein. Das wäre von allen Beteiligten (selbst-)kritisch zu hinterfragen. Grundsätzlich allerdings gilt: Einer Strategie, welche keine Beachtung beim Management findet, wird es vor allem bei der Umsetzung an der nötigen Unterstützung fehlen.

2.1.2 Geltungsbereich, Rahmenbedingungen und Anspruchsgruppen

Die Strategieverantwortlichen klären, für welchen Geltungsbereich die Strategie entwickelt werden soll – ob für die gesamte Organisation, für einen oder mehrere Geschäftsbereiche (nachfolgend auch als strategische Geschäftseinheit bezeichnet) oder für spezielle Organisationsfunktionen (zum Beispiel Personal, IT, Marketing, Ein- und Verkauf, Logistik). Denn die Strategie gewinnt an Kontur, wenn sie gegenüber ihrem Umfeld abgegrenzt wird (vgl. Abb. 2.3).

Tab. 2.1 Beschreibung des Geltungsbereichs (Unternehmen)

Kundengruppen	Kunden-bedürfnisse	Technologien/ Kernkompetenzen	Produkte/ Dienstleistungen	Absatzwege
...	...	...	...	...

Der Geltungsbereich lässt sich anhand mehrerer Dimensionen skizzieren, wie die Tab. 2.1 es beispielhaft für ein Unternehmen darstellt. Die Dimensionen variieren leicht je nach Geltungsbereich. Weitere Zeilen können hinzugefügt werden.

Die Tabelle liest sich so: Kundengruppen haben Kundenbedürfnisse. Zur Befriedigung dieser Bedürfnisse setzt ein Unternehmen Technologien und Kernkompetenzen ein, mit denen es Produkte und Dienstleistungen produziert, die es mittels verschiedener Absatzwege zu den Kundengruppen bringt. Kernkompetenzen sind spezifische Fähigkeiten, mit denen die Organisation wesentlich zum Kundennutzen beitragen kann, also die der Organisation, wenn sie gut genutzt werden, als strategische Erfolgsposition einen Wettbewerbsvorteil gegenüber der Konkurrenz sichern.

Um eine solche Tabelle zu erstellen, bietet sich ein schrittweises Vorgehen an: Zunächst werden sämtliche mögliche Ausprägungen in den Spalten aufgeführt. Dann werden die auf den Bereich zutreffenden Ausprägungen ausgewählt. Die Auswahl wird dann geprüft: Ist dadurch der Geltungsbereich klar erkennbar? Ansonsten ist noch einmal nachzuschärfen.

Die Person, die für den Geltungsbereich verantwortlich ist, sollte an der Strategie-Entwicklung mindestens beteiligt sein. Denn werden Strategien für die Bereiche anderer Personen ohne sie entwickelt, stossen die Konzepte, selbst wenn sie gut durchdacht sind, erfahrungsgemäss auf wenig Gegenliebe. Zudem sollte die Person, die den Bereich verantwortet, auch über einen angemessenen Entscheidungs- und Handlungsspielraum für die Umsetzung der Strategie verfügen. Sonst verkommt die Strategie-Entwicklung zu einem reinen Planspiel.

Des Weiteren sind die Interessenlagen und Erwartungen der wichtigsten internen und externen Anspruchsgruppen (Stakeholder) an die Strategie zu erkunden, indem sie miteinbezogen oder befragt werden oder indem man sich bewusst in ihre jeweiligen Lagen versetzt. Denn erstens lassen sich bekannte Erwartungen einfacher berücksichtigen. Zweitens können die Strategieverantwortlichen diese dann im Prozess besser beeinflussen.

Um sich auf das Wesentliche zu fokussieren, erkunden die Strategieverantwortlichen ferner, welche Themen nicht Gegenstand des geplanten Strategie-Prozesses sind. Das führt zu Fragen, was Sinn, Ziel und Ergebnis des Strategie-Prozesses sein sollen sowie wie der Erfolg gemessen werden soll. Diskussionen darüber schärfen ein gemeinsames Verständnis und konkretisieren den Rahmen für den Strategie-Prozess. Um es aber nicht allein solchen Diskussionen zu überlassen, holen die Strategieverantwortlichen auch noch einmal explizit die Vorgaben und Rahmenbedingungen – insbesondere hinsichtlich finanzieller und personeller Ressourcen – für den Strategie-Prozess ein. Denn ein etwaiger Ressourcen-Mangel belastet und frustriert die involvierten Personen. Er kann die Strategie-Entwicklung und -Umsetzung zudem über Gebühr hinaus verlängern. Dann besteht die Gefahr, dass sie an Eigendynamik verliert. Der Strategie-Erfolg wird gefährdet.

Funktional-Strategien – was steckt dahinter?

Funktional-Strategien sind einer Organisationsstrategie untergeordnet. Wie ihr Name andeutet, spezifizieren sie die Strategie für eine bestimmte Funktion. Die bekanntesten sind Forschungs- und Entwicklungs- (F&E -), Beschaffungs-, Produktions-, Marketing-, Personal- und IT-Strategien. Je nach Gliederung der Geschäftsbereiche können sie quer zu Bereichsstrategien gehen oder sie weiter konkretisieren. Ein Beispiel ist die F&E-Strategie: Einige Organisationen haben einen Geschäftsbereich, der sich ausschließlich mit F&E beschäftigt. Andere Organisationen, so etwa 3M und Google, verfolgen eine bereichsübergreifende Innovationsstrategie.

Alle Funktional-Strategien betreffen Fragestellungen wie: Soll die jeweilige Funktion zentral oder dezentral geführt und/oder ausgeführt werden? Welche Leistungen soll die Funktion künftig für wen erbringen, welche Schwerpunkte setzen? Wer bestimmt den Leistungskatalog und steuert die Erbringung? Wie soll sie die Leistungen erfüllen: Sind zum Beispiel Teile der Funktion an externe Dienstleister auszulagern oder umgekehrt wieder selbst zu erstellen? Inwieweit kann und darf die Funktion eigenständig am Markt auftreten?

Jede Funktion erfordert zudem eigene Überlegungen. Eine Forschungs- und Entwicklungsstrategie, die zur Erneuerungskraft einer Organisation beiträgt, beschäftigt sich mit Fragen wie: Wie ist die Ressourcenverteilung zwischen Grundlagenforschung, angewandter Forschung und Entwicklung? In welche technologischen Entwicklungen sollen Ressourcen investiert werden? Bei welchem Reifegrad wird eine Investition forciert? Die Beschaffungs-Strategie, die die Versorgung für die Wertschöpfung optimiert, steht vor Fragen wie: Wie lässt sich die Position im Beschaffungsmarkt zukünftig gestalten? Wie viel Beschaffungsflexibilität und Versorgungsautonomie sollen auf- und ausgebaut werden? Wie ist das Lieferanten-Management zu handhaben? Die Personal-Strategie stellt zum Beispiel die Personalbeschaffung, -entwicklung, -leistung und -motivation in den Mittelpunkt.

Eine Funktional-Strategie kann ebenfalls mit der hier vorgestellten Methodik entwickelt werden. Je nach Funktion kann es jedoch weitere spezifische Instrumente vor allem für die Organisations- und Umfeld-Analyse geben, die hier nicht beschrieben werden.

2.1.3 Widerstand und Unterstützung

Damit die Entwicklung und Umsetzung der Strategie gelingt, müssen treibende Kräfte stärker als hemmende Kräfte sein. Gehen diese Kräfte von Personen und Personengruppen aus, das heißt von den Anspruchsgruppen der Organisation, spricht man von Promotoren und Opponenten. Kräfte wirken von verschiedenen Ebenen auf eine Organisation ein: Im Umfeld finden sich beispielsweise Marktdynamiken, Gesetzesinitiativen, Wirtschaftspolitik, neue Technologien oder gesellschaftlicher Wandel, die fördern oder hindern können. Auf organisationaler Ebene können Personalveränderungen, IT-Systemwechsel, Restrukturierungen, die Ausprägung der Kultur, die Ressourcenverfügbarkeit oder vertragliche Vereinbarungen Einfluss nehmen. Auf individueller Ebene stärken beispielsweise intellektuelle Neugier und gewisse Anreizstrukturen die Veränderungsbereitschaft. Hingegen wirken Versagens- und Verlustängste oder das Bedürfnis, in der gewohnten Komfortzone zu verharren, bremsend.

Individueller Widerstand gegen Veränderungsprojekte ist nachvollziehbar, hält man sich vor Augen, dass der Status quo als Friedensschluss zwischen Akteuren mit unterschiedlichen Interessen gelten kann. Die einzelnen Machtbereiche sind definiert, die Beziehungen stabil und überschaubar. Alle haben sich zumindest implizit auf gemeinsame Spielregeln geeinigt. Veränderungsvorhaben bedrohen diese Balancen. Da die Ergebnisse eines Strategie-Prozesses nicht vorher feststehen, können sich Akteure ihre zukünftige Position nicht ausrechnen.

Vor diesem Hintergrund untersuchen die Strategieverantwortlichen die verschiedenen Kräfte anhand ihrer Einflussrichtungen und -stärken mittels einer Kraftfeld-Analyse (vgl. [1]). Dazu tragen sie zunächst die aktuelle Situation sowie mögliche Lösungen in das Kraftfeld-Diagramm (Abb. 2.4) ein. Dann schätzen sie die Einflussstärken der wichtigsten treibenden und hemmenden Kräfte. Diese verdeutlichen sie durch unterschiedlich lange Pfeile: je länger ein Pfeil, desto stärker der Einfluss. Der vertikale Balken in der Mitte steht für die aktuelle Situation.

Abbildung 2.4 zeigt einen günstigen Fall: Die treibenden Kräfte drücken den Balken stärker in Richtung Lösungen als die hemmenden Kräfte sich dagegen stemmen können. Eine ungünstige Konstellation bedeutet jedoch nicht den Abbruch des Strategie-Prozesses, auch sollte man sich umgekehrt nicht auf einer günstigen Konstellation ausruhen. Denn die Situation kann zweifach zugunsten eines für den Strategie-Prozess förderlichen Klimas verändert werden: Man kann die treibenden Kräfte erhalten oder verstärken. Und man kann die hemmenden Kräfte abschwächen oder aufheben. Um sich dazu geeignete Maßnahmen zu überlegen, ist es hilfreich, die Hintergründe zu kennen:

- Wodurch sind die Kräfte entstanden?
- Wie, zu welchem Zeitpunkt und von wem wurden sie ausgelöst?
- Durch was wird ihre Wirksamkeit begünstigt?

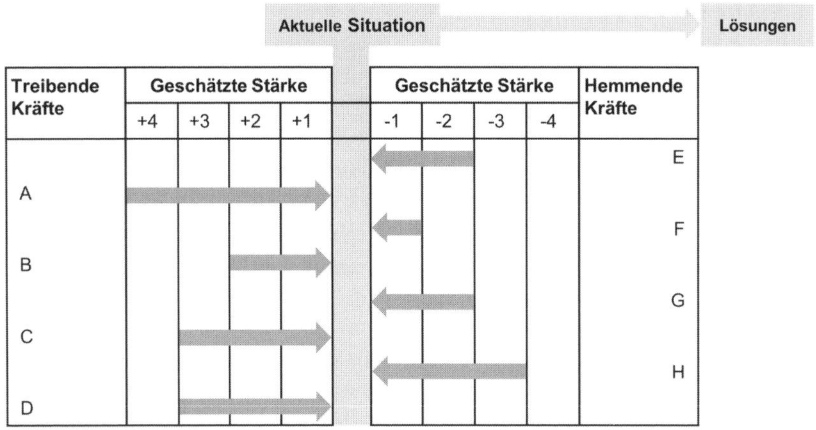

Abb. 2.4 Kraftfeld-Diagramm

Abb. 2.5 Kriterien zur Auswahl des Strategie-Teams

Eine herausragend erfolgskritische Maßnahme ist dabei, dass die Strategieverantwortlichen ihr Strategie-Team, das den Strategie-Prozess mitgestaltet, nach verschiedenen Gesichtspunkten sorgfältig zusammenstellen (vgl. Abb. 2.5).

Gleichzeitig ist darauf zu achten, dass das Strategie-Team nicht zu groß wird, da es in einem begrenzten Zeitrahmen fähig sein muss, gemeinsam zu diskutieren und Entscheidungen zu treffen.

Durch die Bildung des Strategie-Teams profitiert erstens die Strategie von vielfältigem Wissen, verschiedenen Fähigkeiten und Fertigkeiten. Zweitens wird der Prozess in dieser Weise breit in der Organisation abgestützt und gewinnt an Akzeptanz.

Kurzcheck Initiierung des Strategie-Prozesses

- Was hat Ihre Strategie-Situation ausgelöst?
- Was ist Ziel des geplanten Strategie-Prozesses, woran wird sich sein Erfolg messen lassen?
- Was sind Geltungsbereich und Rahmenbedingungen für die Strategie?
- Welche Erwartungen haben Ihre Anspruchsgruppen an eine neue Strategie?
- Verfügt Ihr Strategie-Team über Perspektivenvielfalt, Kreativität und Wissen, ist es motiviert, engagiert und wird es gut zusammenarbeiten?
- Was können Sie aus früheren Strategie-Prozessen in Ihrer Organisation lernen?

2.2 Geschäftsmodell und Strategische Erfolgspositionen

Die Voraussetzungen für die Durchführung des Strategie-Prozesses liegen vor. Nun beginnt die eigentliche Strategie-Entwicklung. Dazu klärt das Strategie-Team zunächst die strategische Ausgangssituation der Organisation: Vor allem identifiziert es das aktuelle Geschäftsmodell (Abschn. 2.2.1) sowie die Vorteile der Organisation gegenüber Mitbewerbern in Form von Strategischen Erfolgspositionen (Abschn. 2.2.2).

2.2.1 Herleitung des Geschäftsmodells

Geschäftsmodelle sind vereinfachte Darstellungen, wie Organisationen am Markt tätig sind. Sie zeigen, über welche Produkte und Dienstleistungen, Beziehungen zum Markt und Geschäftsprozesse eine Organisation Leistungen erbringt. Einerseits ist das Geschäftsmodell die Grundlage für den langfristigen Erfolg der Organisation am Markt. Andererseits kann es Ansatz für Neuerungen sein: Organisationen können bewusst Teile ihres Geschäftsmodells verändern, um gegenüber ihren Mitbewerbern neue Wettbewerbsvorteile zu kreieren.

Das Beispiel des Bekleidungsherstellers Zara, einem Unternehmen der Gruppe Inditex, dem mittlerweile weltweit größten Textilkonzern, zeigt, wie sich ein Geschäftsmodell branchenweit hervorhebt: Zum einen kontrolliert Zara im Gegensatz zu seinen Mitbewerbern das gesamte Wertschöpfungssystem vom Design über die Produktion und Logistik bis hin zum Verkauf im Einzelhandel. Zum anderen lässt Zara 65 % seiner Produkte in Spanien, Portugal und Marokko fertigen – in der Nähe seiner Hauptabsatzmärkte: In Europa macht Zara 70 % seines Umsatzes. Andere Bekleidungs-Hersteller haben den größten Teil ihrer Produktion in Entwicklungsländer ausgelagert. Damit verkürzt Zara die Zeit vom Design bis zur Auslieferung an den Einzelhandel signifikant gegenüber seinen Mitbewerbern (time to market): Die Zeitspanne bis zum Verkauf, gerechnet ab Designer, beträgt fünf Wochen, der Zeitbedarf, gerechnet ab Fabrik, zwei Wochen. Im Vergleich dazu vergehen bei H&M, dem derzeit stärksten Konkurrenten, ein bis zwölf Monate, bis ein Produkt vom Designer in die Verkaufsräume gelangt, respektive drei bis sechs Wochen ausgehend von der Fabrik. Zu Zaras Schnelligkeit trägt bei, dass die Verkaufsleiter vor Ort täglich die Verkaufszahlen melden. Ein Produkt, das schlecht läuft, verschwindet rasch aus den Läden, weitere Bestellungen werden annulliert. Ist ein Produkt besonders gefragt, erhalten die Läden binnen 24 Std. Nachschub. Aufgrund der geringen time to market-Spanne kann Zara die Produktionsmengen klein und die Lagerkosten tief halten. So kann Zara wesentlich rascher als andere auf das Marktverhalten und die Fluktuationen in den Materialkosten reagieren: Während die meisten Kleiderhändler ihr Produktangebot jeweils für eine Saison anbieten, sind bei Zara keine Produkte länger als einen Monat im Geschäft. Diese Knappheit macht zugleich den Reiz für Kunden aus: Beliebte Produkte verkaufen sich innerhalb einer Woche. Nur Kunden, die sich regelmäßig informieren, bekommen die aktuellsten Modetrends mit. Denn Zara macht außer Schaufenster- und Ladendekorationen, der Pflege ihrer Webseite sowie der Nutzung verschiedener Social-Media-Kanäle keine Werbung.

Ein anderes Beispiel stammt aus der Medienbranche: Traditionelle Zeitungen verdienen ihr Geld mit den Verkaufspreisen und Anzeigen. Ein wesentlicher Kostenfaktor ist die Verteilung der gedruckten Zeitungen an die Kunden. Normalerweise werden die Druckexemplare zum einen in Zeitungskiosks und ähnlichen Verkaufsorten angeboten und zum anderen den Abonnenten nach Hause geliefert. Die kostenlose Schweizer Tageszeitung „20 Minuten" hat diesen Teil der Wertschöpfungskette größtenteils an ihre Kunden ausgelagert: Diese bedienen sich selbst an den zahlreichen Zeitungsboxen, die an den Bahnhöfen des öffentlichen Nahverkehrs stehen. „20 Minuten" hat so seine Distributionskosten minimiert. Zur Finanzierung der übrigen Herstellungskosten tragen Anzeigen bei, die sich wiederum dank der hohen Auflagen teurer verkaufen lassen. Die Umgestaltung der Wertschöpfungskette verschafft „20 Minuten" Wettbewerbsvorteile.

Ein Unternehmen, das mit Dienstleistungen für Wissenschaftler Geld verdienen möchte, ist ResearchGate, eine Art online-basiertes Facebook für Forscher. Es hat sich zugleich zum Ziel gesetzt, mit seinem Geschäftsmodell den „Wissenschafts-Markt" freier und demokratischer zu machen und die Prozesse des wissenschaftlichen Arbeitens effizienter zu gestalten. Denn herkömmlich kommunizieren Forscher vor allem über wissenschaftliche Journale: Das ist jedoch erstens langsam, zweitens teuer – denn die Herausgeber verlangen zum Teil sowohl Gebühren für Veröffentlichungen als auch für das Abonnement –, und drittens wird nur selten von Fehlschlägen berichtet. Das hat zum Beispiel zur Folge, dass bei Experimenten weltweit immer wieder ähnliche Fehler gemacht werden. Die Plattform wächst stetig: Mittlerweile hat sich dort bereits jeder dritte Forscher weltweit registriert. Insgesamt sind es schon mehr als zweieinhalb Millionen Nutzer aus allen Disziplinen und verschiedensten Herkunftsländern. Ihnen erlaubt es die Plattform, Experten und Informationen zu finden, zu teilen, Probleme zu diskutieren und gemeinsam Lösungen zu erarbeiten. In Echtzeit können auf ResearchGate Daten, Dokumente und Publikationen ausgetauscht werden. Die Online-Plattform finanziert sich vor allem durch Stellenanzeigen. Sie ist mittlerweile zur weltweit grössten akademischen Jobbörse herangewachsen. Eine weitere Geldquelle will der Gründer mit wissenschaftlichen Konferenzen erschliessen. Ausserdem ist ein Marktplatz für Laborgeräte und in einem nächsten Schritt für Zellkulturen, Bakterien und Viren geplant.

Mit der Definition des Geschäftsmodells lassen sich die zentralen Geschäftsmechanismen einer Organisation verstehen. Später dient es dazu, Ansatzpunkte für Änderungen zu identifizieren. Um das aktuelle Geschäftsmodell wertfrei zu skizzieren, haben sich drei Fragen bewährt:

- *Nutzenversprechen der Produkte und Dienstleistungen:* Welchen Nutzen stiftet die Organisation für welche Kundengruppen?
- *Beziehungen zum Markt:* Wie werden die Produkte und Dienstleistungen im relevanten Markt vermarktet und vertrieben?
- *Architektur der Wertschöpfung:* Wie werden wertvolle Leistungen erstellt? Wie werden Einnahmen generiert?

So lassen sich die drei Kernelemente des Geschäftsmodells (vgl. Abb. 2.6) skizzieren. Für öffentliche Verwaltungen bietet es sich an, anstatt vom „Markt" vom „Tätigkeitsfeld" oder „Wirkungsbereich" zu sprechen. Bei Funktionalstrategien

Abb. 2.6 Die drei Kernelemente des Geschäftsmodells

sind beim „Markt" auch die internen Beziehungen zu anderen Funktionen und Geschäftseinheiten zu berücksichtigen.

Die drei Kernelemente zeigen sich auch im online-basierten Start-up-Unternehmen Duolingo. Seit Juni 2012 greift es mit seinem Geschäftsmodell den Markt für Online-Sprachschulen und Sprachen-Software an. Während traditionell Sprachschüler für Lektionen oder die Software bezahlen müssen, stehen mehrere professionell erstellte Online-Lektionen den Duolingo-Nutzern kostenfrei zur Verfügung. Sie üben dann anhand von kurzen Texten aus dem Web entsprechend ihrer Lernstufe und liefern so Übersetzungen für das Web. Weil mehrere Nutzer denselben Text übersetzen, erhält der Einzelne Informationen zu Übersetzungsvarianten und kann die seiner Meinung nach richtige Version bewerten. Es kommt spielerisch daher und dient gleichzeitig der Qualitätssicherung. Von diesen kostenfreien „Crowd-sourced" Übersetzungen profitieren nicht nur die Nutzer, sondern auch die Web-Gemeinde: Wenn zum Beispiel 1 Mio. Nutzer mittels des englischen Wikipedia Spanisch lernen wollten, dann könnten die rund 4 Mio. Seiten in etwa 80 h übersetzt werden. Die Zahlen sind nicht unrealistisch: Bereits an der Beta-Version hatten 50.000 Sprachschüler teilgenommen, weitere 300.000 hatten sich auf eine Warteliste eintragen lassen. Zu Beginn offerierte die Online-Plattform für Englischsprachige Spanisch-, Französisch- und Deutsch-Kurse. Mittlerweile gibt es auch Portugiesisch- und Italienisch-Kurse – jeweils ausgehend vom Englischen – sowie mobile Apps. Finanziert wurde das Start-up zuerst von der Carnegie Mellon Universität, Pittsburgh, USA. Es soll sich zukünftig dadurch tragen, dass Duolingo mithilfe der Sprachschüler Übersetzungsdienstleistungen für Firmen und Privatpersonen anbietet.

2.2.2 Aktuelle Strategische Erfolgspositionen

Ein Geschäftsmodell per se ist noch kein Erfolgsgarant. Denn in einer Branche können mehrere Organisationen mit dem gleichen Geschäftsmodell arbeiten. Zur Identifikation von Merkmalen einer Organisation, mit denen sie sich vorteilhaft von Mitbewerbern unterscheidet, untersucht das Strategie-Team deshalb das Geschäftsmodell aus der Wettbewerbsperspektive. Dazu ermittelt es die sogenannten Strategischen Erfolgspositionen (SEP).

SEP definieren sich im Unternehmensumfeld – sei es auf Unternehmensebene, auf Ebene von strategischen Geschäftseinheiten oder auf Ebene von Funktionen – dadurch, dass Mitbewerber sie nur schwer oder gar nicht kopieren können, sie für die Umfeld- und Marktsituation bedeutsam sind und sie den Erfolg der Organisation langfristig gewährleisten. Aus diesen Kriterien lässt sich ableiten, dass jede Organisation nur einige wenige, schwer imitierbare SEP aufweist. Die Kernfrage zu ihrer Bestimmung lautet: „Weshalb sind wir mit dem aktuellen Geschäftsmodell so erfolgreich?“ Diese Frage lässt sich für jede Dimension des Geschäftsmodells spezifizieren:

- *Produkte und Dienstleistungen:* Wieso kauft der Kunde heute unsere Produkte und Dienstleistungen und nicht jene unserer stärksten Mitbewerber? (Gründe können zum Beispiel sein, dass die eigene Organisation Kundenbedürfnisse rascher und besser als die Konkurrenz erkennt, dass sie einen hervorragenden Kundenservice bietet oder dass sie einen bestimmten Werkstoff in der Herstellung und Anwendung besser beherrscht.) Bei Funktionen sind die anderen internen Funktionen und Geschäftseinheiten ebenfalls als Kunden anzusehen. Mitbewerber wären hier Anbieter an Markt, an die das Unternehmen die Dienstleistungen auslagern könnte.
- *Markt:* Welche Vorteile in der Vermarktung und Distribution haben wir heute gegenüber unseren Mitbewerbern? (Beispielsweise: Bearbeitet die eigene Organisation eine bestimmte Zielgruppe wirkungsvoller als die Konkurrenz? Oder: Hat sie ein überlegenes Image aufgebaut?)
- *Wertschöpfungssystem:* Über welche spezifischen Vorteile gegenüber unseren Mitbewerbern verfügen wir heute in unserem Wertschöpfungssystem? (Denkbar ist hier zum Beispiel, dass die eigene Organisation aufgrund effizienterer Prozesse kostengünstiger als die Konkurrenz produzieren kann, dass sie über ein bestimmtes Set an Kompetenzen verfügt, welches andere nicht haben oder dass sie mehr oder qualitativ bessere Ressourcen bereitstellen kann.)

Für eine öffentliche Verwaltung, die häufig nicht im Wettbewerb steht, stehen alternativ Überlegungen zur Effizienz, Effektivität und Wirksamkeit der Leistungserbringung im Vergleich zu ähnlichen Leistungsträgern im Vordergrund.

Eine SEP kann aus mehreren Faktoren – Schlüsselfaktoren – bestehen, die in ihrer Summe die jeweilige SEP gestalten. Der Charakter der Schlüsselfaktoren ist nicht festgelegt: So können etwa Kompetenzen, Patente oder Liegenschaften an strategisch wichtigen Orten gleichermaßen zu einer SEP beitragen. Als übergeordnetes Konstrukt sind SEP daher oft recht abstrakt formuliert (zum Beispiel „Image als Branchen-Führer").

Die SEP von half.com, einer Online-Verkaufsplattform und Tochtergesellschaft von eBay, lassen sich beispielsweise so skizzieren:

Nutzenversprechen der Produkte und Dienstleistungen: Die Online-Plattform half.com vermittelt Second-Hand Produkte – Bücher, CDs und DVDs – zwischen Privatpersonen. Ihren „Lieferanten", den Verkäufern, die ihre Produkte nicht mehr benötigen, bietet half.com eine im Vergleich zu anderen Plattformen einfache, bequeme und rasche Abwicklung des Verkaufsvorgangs. Für ihre „Kunden", die Käufer, verspricht half.com ein attraktives Preis-Leistungsverhältnis und garantiert für eine schnelle Lieferung: Der jeweilige Produktpreis ist fix und richtet sich nach der Produktqualität. Er beträgt jedoch höchstens die Hälfte des regulären Verkaufspreises. Dafür bürgt der Namensteil „half".

Die Beziehungen zum Markt: Half.com ist am Markt etabliert und profitiert von der starken Marktposition seiner Muttergesellschaft ebay. Im Jahr seiner Gründung (1999) zahlte das damalige Start-up-Unternehmen der Stadt Halfway (USA, Oregon) US$ 110.000 und 20 Computer für die Grundschule. Als Gegenleistung änderte die Stadt ihren Namen für ein Jahr in half.com ab. Diese Marketingidee verschaffte dem Unternehmen weltweite Publizität.

Architektur der Wertschöpfung: Die Verkäufer brauchen nur wenige Minuten, um den Code eines Produktes (ISBN, Barcode etc.) sowie dessen Zustand auf der Online-Plattform von half.com einzugeben. Standard-Beschreibung und Bilder werden automatisch und kostenfrei generiert. Im Vergleich dazu dauert die Produktplatzierung auf Auktionsplattformen wie eBay oder Ricardo, dem Schweizer Online-Marktplatz, länger. Das Pricing ist ebenfalls vereinfacht: Während Verkäufer sonst den Preis selbst recherchieren und nach Gutdünken setzen müssen, schlägt half.com einen Preis vor (oft die Hälfte des Ladenpreises) und informiert über die Konditionen von identischen Produkten auf half.com und anderen Verkaufsseiten. Wird das Produkt gekauft, erhält der Verkäufer eine E-Mail mit der Adresse des Käufers. Der Verkäufer ist verpflichtet, das Produkt innerhalb von 72 Std. zu versenden. Dies liegt ganz in seinem Interesse, denn über die Homepage von half.com bewerten die Käufer die Leistungen der Verkäufer.

Durch das Outsourcing der Lagerung und des Versands der Produkte an die Verkäufer hat half.com tiefe Fixkosten. Die E-Mails (zum Beispiel Benachrichtigung, Bestätigung) werden automatisch kreiert und versandt. half.com betreut ausserdem den Bezahlvorgang: Der Käufer überweist den Verkaufspreis plus Versandkosten an half.com. Der Verkäufer erhält die gesamte Summe abzüglich 5 bis 15 % Kommission am Verkaufspreis für half.com. Die Kommissionsprozente richten sich nach der Höhe des Preises: Je höher er ist, desto geringer ist prozentual die Kommission.

Strategische Erfolgspositionen (SEP) – was steckt dahinter?
Prof. Cuno Pümpin legte die Idee der Strategischen Erfolgspositionen erstmals 1982 dar. Er definiert die strategischen Erfolgsfaktoren als „... eine in einer Unternehmung durch den Aufbau von wichtigen und dominierenden Fähigkeiten bewusst geschaffene Voraussetzung, die es dieser Unternehmung erlaubt, Konkurrenzüberlegenheit und damit langfristig überdurchschnittliche Ergebnisse zu erreichen" [3], S. 34. Mit der Erkenntnis, dass eine Organisation nur dann nachhaltige Erfolge erzielt, wenn es die SEP konsequent auf- und ausbaut, bereitete Pümpin die Grundlage für eine moderne, dynamische Strategielehre vor.

Für bekannte Organisationen lassen sich einige SEP von außen benennen: Apple punktet mit der Benutzerfreundlichkeit seiner Produkte. IKEA kombiniert attraktives Möbeldesign mit niedrigen Preisen, die es durch die Do-it-yourself-Mentalität der IKEA-Kunden, Einsparungen im Service und einem großen Absatzvolumen halten kann. Sein positiv besetztes, schwedisches Image sowie die eigene Gastronomie ziehen und halten ebenfalls Kunden. McDonalds profitiert im Markt vom hohen Wiedererkennungswert seiner Marke. Der Computerhersteller DELL profiliert sich über seinen Internet-Direktvertrieb. Nestlé sichert sich durch seine globale Präsenz Wettbewerbsvorteile. McKinsey hat ein Image, das sehr gut ausgebildete und führungsstarke Personen anzieht. Toyota gewinnt durch ein besonders qualitätsorientiertes Produktionssystem.

Auch aus Geschäftsplänen von Start-ups wie etwa dem Online-Spielzeugverleiher „Meine Spielzeugkiste" lassen sich SEP erschliessen. Dieses in 2011 gegründete Unternehmen verleiht hochwertige Markenspielzeuge und liefert sie versandkostenfrei nach Hause. Eltern können je nach Monatsabonnement zwischen zwei und sechs Spielzeuge aus dem Sortiment auf einmal bestellen, die Sachen unbegrenzt lange behalten, jederzeit mit dem Rückportoschein retournieren, gegen anderes eintauschen oder die Lieblingsspielzeuge mit einem Rabatt kaufen. Diese Flexibilität unterscheidet den Anbieter von anderen Spielzeug-Verleihern. Für die Eltern als Kunden beinhaltet der Mietservice mehrere weitere Nutzenversprechen im Vergleich zum Kauf: Sie müssen nicht übermässig Zeit und Geld für den Einkauf sowie Stauraum für die Lagerung der Sachen investieren. Es fällt kein Spielzeugmüll an. Jedoch haben sie jederzeit Spielzeug daheim, das für ihre Kinder neu, spannend und altersgerecht ist. Um letzteres zu gewährleisten – und das zeichnet den Spielzeugverleiher ebenfalls im Vergleich zu anderen Mietdiensten

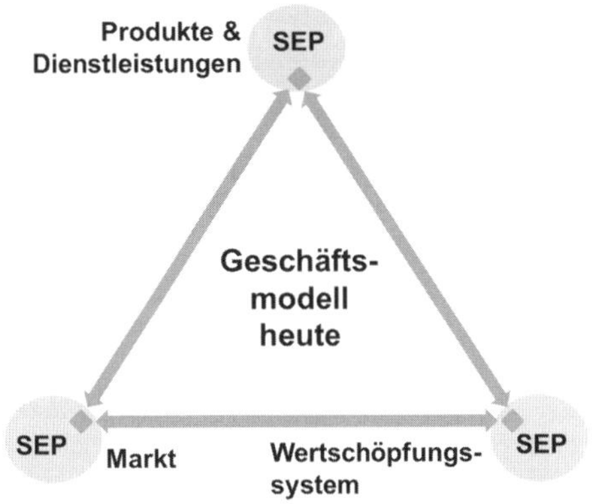

Abb. 2.7 Strategische Erfolgspositionen im heutigen Geschäftsmodell

aus – stellt er Empfehlungen in Zusammenarbeit mit Testfamilien, Experten und Spielzeugherstellern zusammen. Diese Qualität zu erhalten ist auch im Interesse der Lieferanten, der Spielwarenhersteller, mit denen der Spielzeugverleiher als weitere Geldquelle Marketing-Kooperationen eingeht. Denn aufgrund der niedrigen Kostenbarriere können die Lieferanten einfacher potenzielle Kunden an ihre Marke heranführen und neue Käufer gewinnen. Aus der Kooperation mit den Lieferanten schöpft der Spielzeugverleiher zusätzliche Vorteile: Sein gebundenes Kapital und der Lagerbedarf sind niedrig. Sein Wertschöpfungssystem hält er schlank: Die Logistik, Qualitäts- und Sicherheitsüberprüfung und Säuberung des Spielzeugs führt der Verleiher zusammen mit einer Behinderteneinrichtung durch.

Das Geschäftsmodell mit diesen SEP überzeugte Investoren, die der Spielzeugverleiher auf einer „Crowdinvesting"-Internetplattform ansprach. Investoren erhalten zum Dank eine Aussicht auf eine Gewinnbeteiligung in zehn Jahren sowie ebenfalls Spielzeug, in Menge und Zeit gestaffelt je nach Höhe der Investition. Auf eine Art sind es zugleich Lockangebote, um sie als Kunden zu gewinnen. Das Unternehmen gewann mehrere Start-up-Wettbewerbe und ist nun operativ tätig.

Zusammenfassend gelten die SEP als die Pfeiler des Erfolges eines Geschäftsmodells (vgl. Abb. 2.7): Die Organisation sollte sie gezielt (weiter-)entwickeln.

Kurzcheck Geschäftsmodell und Strategische Erfolgspositionen

- Wie sieht das Geschäftsmodell Ihrer Organisation aus?
- Welches sind die Strategischen Erfolgspositionen in Ihrem Geschäftsmodell?
- Welche Erfolge haben diese der Organisation in der Vergangenheit beschert?
- Welche Inhalte der Strategischen Erfolgspositionen sollen auch in Zukunft Bestand haben?

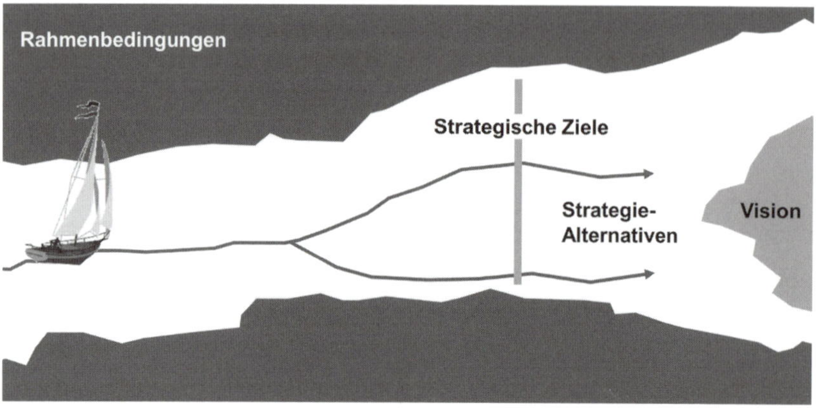

Abb. 2.8 Strategie als fokussierter Weg zur Vision

2.3 Vision und Entwurf des Strategie-Konzepts

Der strategische Ist-Zustand der Organisation ist festgestellt. Nun fragt das Strategie-Team: Was ist der zukünftige Entwicklungspfad? Eine Vision, ein Bild von der Zukunft, gibt einen ersten Anhaltspunkt, in welche Richtung sich eine Organisation bewegen will, um langfristig erfolgreich zu sein. Wie ein solches Bild entsteht und über die Zeit geschärft wird, verdeutlicht das Fallbeispiel Lantal. Anknüpfend an die Vision sowie die heutigen SEP bestimmt dann das Strategie-Team die zukünftigen SEP – der erste Entwurf eines Strategie-Konzepts liegt damit vor.

2.3.1 Definition der Vision

Die Vision ist das erste zentrale Element in der Entwicklung einer Strategie. Eine Metapher, die dem französischen Schriftsteller Antoine de Saint-Exupéry zugeschrieben wird, verdeutlicht, was eine gelungene Vision ausmacht: „Wenn Du ein Schiff bauen willst, so trommle nicht Leute zusammen, um Holz zu beschaffen, Werkzeuge vorzubereiten und die Arbeit einzuteilen, sondern wecke in ihnen die Sehnsucht nach dem endlosen, weiten Meer." Wie diese Vision erreicht werden soll, darüber trifft dann die Strategie Aussagen (vgl. Abb. 2.8).

Die formulierte Vision sollte drei Anforderungen erfüllen, um ähnlich wie ein leuchtender Fixstern am Horizont ihre Wirkungskraft zu entfalten:

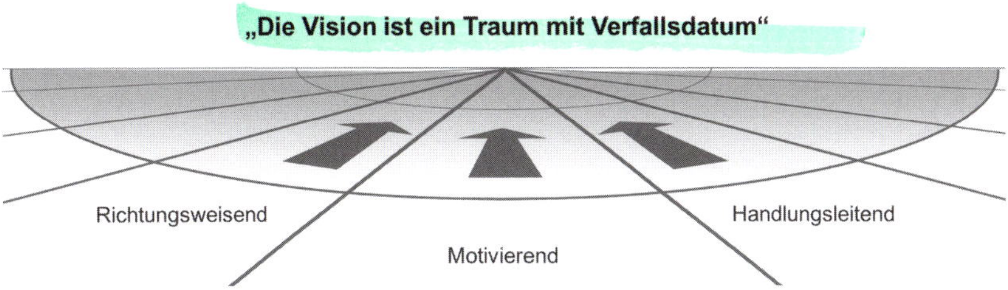

Abb. 2.9 Anforderungen an eine Vision

- Die Vision *weist die Richtung*. Sie wirkt für die Aktivitäten des Kollektivs als auch des Einzelnen sinnstiftend. Sie schafft gleichzeitig einen Ordnungsrahmen: Umfeldbeobachtungen lassen sich einsortieren und so Komplexität besser bewältigen
- Das Zukunftsbild ist besonders erstrebenswert und wirkt entsprechend *motivierend.* Die Differenz zwischen der heutigen Situation und dem gewünschten Zustand mobilisiert die Kräfte der Mitarbeitenden. Die Herausforderungen wecken Begeisterung, Kreativität und Innovation
- Die Vision wirkt *handlungsleitend.* Auch in turbulenten Zeiten vermittelt sie Sicherheit und Stabilität. Sie stärkt die Priorisierung der Handlungen, mit denen eine Organisation Spitzenleistungen erzielen möchte (vgl. [2])

Der Vision gegenüber sind Mission und Leitbild abzugrenzen: Eine Mission definiert den Zweck einer Organisation. Sie legt vor allem gegenüber externen Anspruchsgruppen dar, wozu die Organisation existiert. Eine Organisation gibt sich im Lebenszyklus ihres Geschäftsmodells mehrere Visionen. Sobald eine Zukunftsvorstellung Realität geworden ist, verfällt sie. Eine Neue wird definiert. Die Mission hingegen bleibt über den Lebenszyklus des Geschäftsmodells hinweg unverändert. Entsprechend umfassend ist sie deshalb formuliert. Im Leitbild wiederum sind die Werte festgehalten, an welchen sich die Organisation in ihrem Handeln orientiert. Das Leitbild gibt so den normativen Spielraum für die Strategie-Entwicklung vor. Abb. 2.9 fasst die Anforderungen an eine Vision noch einmal zusammen:

Das Potenzial und die Weitsicht einer Vision zeigen sich beispielsweise bei Henry Ford. Zu Beginn des 20. Jahrhunderts waren Automobile ausschließlich für die reichsten Amerikaner in Einzelanfertigung erstellte „Spielzeuge". Sie waren jeweils sehr teuer mit damaligen Preisen bis zu US$ 7500. Die Besitzer nutzten das Auto als Prestige-Objekt für Sport und Ausfahrten in der Öffentlichkeit. Henry Ford jedoch sah das Auto als potenzielles Transportmittel für die breite Bevölkerung in einem

Land mit großen Distanzen. So beschloss er, ein Auto zu bauen, das möglichst einfach, robust und preisgünstig war. Das sollte nach seiner Vorstellung die Pferde, die damals die meisten Transportaufgaben erledigten, auf den Fernstrassen ersetzen. Eine solche Vision ging für die damalige Zeit an die Grenze des Vorstellbaren. Denn Henry Ford erkannte die Möglichkeit, ein Kundenbedürfnis auf eine Weise zu befriedigen, die die Kunden selbst noch nicht dachten: Vermutlich hätten seine Mitmenschen eher nach schnelleren Pferden verlangt. 1908 stellte die Ford Motor Company das erste Auto für die Masse vor. Dieses Modell T war der Inbegriff eines schnörkellosen Nutzfahrzeugs und mit damals US$ 850 vergleichsweise preiswert. Es motorisierte Amerika. Aufgrund der hohen Nachfrage entwickelte Ford die Massenproduktion auf dem Fliessband. 1923 war seine Produktion so effizient, dass der Preis eines Autos nur noch US$ 265 betrug. Die Hälfte der Fahrzeuge auf der Welt waren ein Modell T. Innerhalb der nächsten 100 Jahre produzierte die Ford Motor Company weltweit fast 300 Mio. Fahrzeuge.

Ein solches Zukunftsbild ist im Strategie-Prozess vor der eigentlichen Analyse zu entwickeln. Denn es braucht dazu unkonventionelles, intuitives, kreatives, aber zugleich realistisches Denken. Zu viele Fakten und Analysen wiederum können die Auseinandersetzung mit der zukünftigen Ausrichtung der Organisation erschweren. Es ist anspruchsvoll, mit dieser Spannung umzugehen.

Um eine Vision zu finden, führt das Strategie-Team eine schöpferische Suche, zum Beispiel mittels eines Brainstormings, nach aussagekräftigen Bildern, prägnanten Begriffen und Sätzen durch. Das Brainstorming kann durch das Aufzeigen von Themenbereichen, für die in der Vision Aussagen denkbar sind – so etwa geographischer Aktionsradius, Kundennutzen, Marktstellung – angeregt werden. In dieser Phase sollte Raum bestehen, dass neuartige Ideen und Gedanken ohne Bewertungen geäussert werden können. Denn eine auf den ersten Blick für undenkbar gehaltene Visionsformulierung kann sich auf den zweiten Blick als gutes Zukunftsbild entpuppen. Bewertungen und Kritik führen hingegen eher dazu, dass sich die Teilnehmenden „Denkverbote" auferlegen. Gerät der Prozess nach dem ersten „Sturm" ins Stocken, können leicht provozierende Fragen ihn wieder anstossen; etwa mit: „Wenn Sie ein Mitbewerber wären: Was würde Ihnen besonderen Respekt einflössen?" „Wenn Sie der Verwaltungsrat wären: Was würde Sie positiv überraschen?" „Wenn Ihr Enkel Sie im hohen Alter fragt, wo Sie gearbeitet haben – was würden Sie ihm gerne voller Stolz von der Organisation erzählen können?"

Nach der Ideensammlung sucht das Team einen gemeinsamen Konsens. Es gruppiert die verschiedenen Inhalte und diskutiert Prioritäten sowie Realisierbarkeit. Denn eine Vision bewegt sich zwischen zwei Polen: Einerseits kann die Lücke zwischen aktueller Situation und Vision eine Organisation in eine kreative Spannung versetzen: Erkennt die Belegschaft die Vision als erreichbar, verheissungsvoll

Tab. 2.2 Beispiele für Visionen

Organisation	Vision
Rechnungswesen der Gruppe Mobiliar	„Der Dienstleister in Rechnungswesen-Themen für die finanzielle Führung sämtlicher Gesellschaften der Gruppe Mobiliar."
Panasonic (www.panasonic.ch)	„Zum 100sten Geburtstag des Unternehmens – im Jahr 2018 – will Panasonic weltweit führend für grüne Innovationen in der Elektronikindustrie sein."
Amazon (www.amazon.com)	„Our vision is to be earth's most customer centric company; to build a place where people can come to find and discover anything they might want to buy online."
Alpiq (http://www.alpiq.ch)	„In Europa wie in der Schweiz sind wir die erste Wahl: weil wir unsere Partner dazu befähigen, ihre unternehmerische Energie bestmöglich zu entfalten."
ÖKK (http://www.oekk.ch)	„ÖKK gehört in ausgewählten Märkten der Schweiz zu den erfolgreichsten unabhängigen Versicherungsunternehmen. Gezielte Marktaktivitäten im angrenzenden Ausland runden die Geschäftstätigkeit von ÖKK ab."

und bedeutsam für die Organisation an, kann sie Enthusiasmus und Begeisterung erzeugen: Durch engagierte Zusammenarbeit schließen die Mitarbeitenden die Lücke. Sieht die Belegschaft allerdings die notwendige Veränderungs-Magnitude als zu groß an, provoziert die Vision negative emotionale Spannungen. Überforderung, Angst vor Unbekanntem oder Frustrationen angesichts der langen Realisierungszeiträume sind typische Anzeichen (vgl. [4]).

Schließlich werden die zwei bis drei aussagekräftigsten Cluster zu einem kohärenten Bild verdichtet. Dieses hat die oben genannten drei Anforderungen an eine Vision zu erfüllen. Dazu trägt auch die Formulierung bei. Eine Vision sollte in einfacher, prägnanter, bildlicher Sprache gehalten werden, um zugleich einprägsam und aussagekräftig zu sein. Das spricht einerseits gegen lange Texte, andererseits gegen Slogans. Jedoch empfiehlt es sich, aus einer Vision einen Slogan abzuleiten. Finanzielle Eckwerte sind in der Vision zu vermeiden. Tabelle 2.2 gibt einige Beispiele für Visionen. Die Erste auf der Liste demonstriert wiederum ein Zukunftsbild für eine Funktion.

Eine Vision, die gleich durch ein Bild dargestellt wird, hat das Unternehmen dine&shine Event Catering, ein Catering-Anbieter für VIP Corporate Events, entwickelt.

Abb. 2.10 Vision des Caterers dine&shine

In Abb. 2.10 zu sehen ist, wie der Caterer sich im Hintergrund hält und den Kunden im Scheinwerferlicht präsentiert. Das Bild ist unterschrieben mit: „Der Erfolg Ihres Anlasses ist unsere Leidenschaft". Insgesamt drückt die Vision aus, dass dine&shine alles unternimmt, damit der Auftraggeber bei seinen Gästen brilliert. Denn als Caterer, so die Überlegung des Geschäftsführers, haben sie nur Erfolg, wenn der Kunde seine Gäste begeistern kann. Die Visualisierung dieses Zukunftsbildes ist gelungen: Es ist rasch erfassbar, aussagekräftig und einprägsam.

Die Vision liegt nun im Entwurf vor. Der Anspruch, ein finales Ergebnis zu haben, ist verfrüht. Denn das Bild verändert sich noch mit fortschreitendem Strategie-Prozess; es muss reifen. Entsprechend empfiehlt es sich, während des Strategie-Prozesses die Vision regelmäßig gemeinsam zu reflektieren und zu schärfen.

2.3.2 Fallbeispiel Lantal: Ein Unternehmen erarbeitet sich seine Vision

Die Fallstudie Lantal Textiles AG (im Folgenden kurz: Lantal) illustriert anschaulich, dass sich eine solide Vision in einem iterativen Prozess entwickelt, der über mehrere Jahre gehen kann. Es braucht insbesondere Zeit und intensive Auseinandersetzungen, um sich von bestehenden Selbstverständnissen zu lösen und in neuen Dimensionen einer möglichen Organisationszukunft zu denken.

Ausgangslage 2002 produzierte das Unternehmen Lantal Textilien wie Teppiche, Sitzbezüge, Vorhänge für Büroräume, dem sogenannten Objektgeschäft, sowie für Transportmittel im Luft- und Bodenverkehr („Transportgeschäft"). Dabei ist das Transportgeschäft bis heute eine Nische mit nur wenigen Mitbewerbern: Die zu produzierenden Mengen sind gering. Zugleich bestehen hohe Anforderungen an die Funktionalität der Stoffe. Diese müssen strengen Sicherheitsstandards genügen zum Beispiel bezüglich Entflammbarkeit, Rauchverhalten, Toxin- und Hitzeentwicklung.

2003 übergab der langjährige Geschäftsinhaber die Führung von Lantal an die neue Geschäftsleitung. Diese übernahm ein Unternehmen, das sich über die Jahre den Ruf von handwerklichem Qualitätsbewusstsein und steter Innovationsbereitschaft erarbeitet hatte sowie gut im Transportgeschäft positioniert war. Trotzdem kämpfte Lantal mit starkem Umsatzrückgang aufgrund der Ereignisse um den Terroranschlag in den USA im September 2001 und seiner starken Abhängigkeit von der Luftfahrtindustrie. Hinzu kam, dass das Objektgeschäft seit einigen Jahren Verluste schrieb. Die neue Führungscrew stand vor der Herausforderung, das Unternehmen wieder zum langfristig andauernden Erfolg zu führen.

Eröffnung eines neuen Handlungsspielraums Ziel des ersten Strategie-Workshops der Geschäftsleitung war es, eine neue langfristige Vorstellung über die Zukunft des Unternehmens zu entwickeln. Das in der Organisation vorhandene, jedoch nicht schriftlich festgehaltene Zukunftsbild war, sich fortwährend als Hersteller von hochwertigen Textilien im Objekt- und im Transportgeschäft zu positionieren. Während des Workshops fiel auf, dass einige Mitglieder der Geschäftsleitung gelegentlich die Aussage machten, „Wir sind ja nur ein Halbfabrikate-Produzent". Denn die Produkte, die Lantal herstellte, sowie Lantal selbst nahmen die Endnutzer, also die Passagiere, nicht bewusst wahr. Dieser fehlende Bezug zwischen Produkt und Endnutzer ist ein typisches Merkmal im Business-to-Business(B2B)-Geschäft. Auf die Frage eines Geschäftsleitungsmitglieds nach dem ultimativen Beitrag von Lantal gegenüber den Passagieren

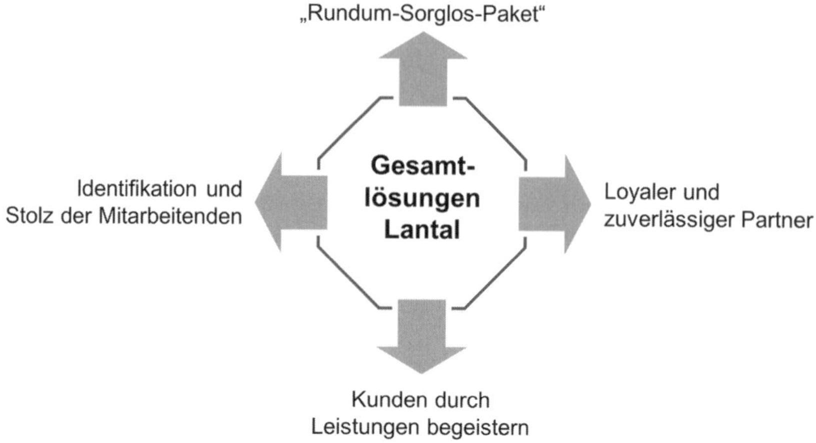

Abb. 2.11 Die vier Leistungsversprechen von Lantal

winkten andere ab. Zu stark dominierte das bisherige Verständnis, sich an den Qualitätserwartungen der Transport-Industrie auszurichten.

Hingegen kristallisierte sich im Verlauf des Strategie-Workshops heraus, dass Lantal zukünftig vermehrt Gesamtlösungen erbringen wollte. Diesen Leitgedanken konkretisierte die Geschäftsleitung in vier Leistungsversprechen (vgl. Abb. 2.11): Mit dem „Rundum-Sorglos-Paket" will Lantal zukünftig für alle Interieur-Belange der Kunden im Transportwesen – vom Designkonzept der Inneneinrichtung bis zur Umsetzung – der verantwortliche Partner sein. Der Kunde bekommt die Innenausstattung aus einer Hand angeboten. Gleichzeitig will das Unternehmen seinen Kunden ein loyaler und zuverlässiger Partner sein. Die Kunden sollen durch die Leistungen des Unternehmens begeistert werden. Und die Mitarbeitenden sollen sich mit Lantal identifizieren können und stolz auf das Unternehmen sein.

Wie sich in der Rückschau zeigt, hatte die Geschäftsleitung mit dem „Rundum-Sorglos-Paket" ein erstes Element ihrer zukünftigen Vision definiert. Dadurch eröffnete sich das Unternehmen neuen Handlungsspielraum.

Entwicklung einer ersten Vision mit klaren Vorstellungen über Kunden & Märkte Die Frage, ob die bisherige Strategie auch zukünftige Erfolge ermöglichen würde, stellte sich immer öfter. 2004/2005 führte die Geschäftsleitung deshalb weitere Workshops durch. In diesen rang das Führungsteam um die Klärung folgender zwei Fragen:

- An welchen Kunden will sich Lantal ausrichten?
- Worin unterscheidet sich Lantal deutlich von seinen Mitbewerbern?

Als ein Resultat entschied sich die Geschäftsleitung nach langen Überlegungen, aus dem nach wie vor unrentablen Objektgeschäft auszusteigen und sich stattdessen auf das Transportgeschäft zu konzentrieren. Zur Stärkung und zur Risikodiversifizierung wollte Lantal neben seinen Kunden im Boden- und Luftverkehr nun ebenfalls Kunden in der Kreuzschifffahrt gewinnen. Dafür sprachen drei Argumente. Erstens zeigt sich, dass Reisende nicht überlegen, ob sie reisen sollen, sondern wie. So führt ein Rückgang der Passagierzahlen bei Fluggesellschaften zur vermehrten Nutzung von anderen Transportmitteln. Der zweite Grund war, dass sich Ferien auf Kreuzfahrtschiffen zunehmender Beliebtheit bei allen Altersgruppen erfreuten. Schließlich liess sich das Fachwissen von Lantal zur Produktion von Textilien mit hohen Sicherheitsstandards auf die Schifffahrt übertragen.

Hinsichtlich der Differenzierung von Mitbewerbern beschloss die Geschäftsleitung, weiter am Konzept der Gesamtlösung für Interieurs von Transportmitteln festzuhalten.

Aus diesen Klärungen hielt man folgende Formulierung fest: *„Lantal produziert und verkauft schöne „Kleider" für Flugzeuge, Bahnen, Busse und Kreuzfahrtschiffe."*

Eine Vision ist dann motivierend und richtungsweisend, wenn sie präzise formuliert, wohin die Organisation will, respektive was sie nicht will. Mit ihrer Vision legte die Geschäftsleitung die Märkte und Kunden, die sie zukünftig bedienen wollten, eindeutig fest. Mit dem Begriff „schöne Kleider" sprach sie sich klar für Ästhetik aus und bekundete ihr Bestreben zur Personalisierung, Individualisierung in der Fahrzeugausstattung. Damit löste sich das Unternehmen von dem rein funktionalen Verständnis, das auch seine Geschäftskunden vormals von Textilien im Innenraum hatten.

Weiterentwicklung der Vision über die Identifikation der zentralen Erfolgsfaktoren Die bereits im ersten Workshop festgelegte Richtung „Rundum-Sorglos-Pakete" anzubieten, forderte von Lantal grundlegende Transformationen. Sie integrierte einerseits vor- und nachgelagerte Stufen ihrer Wertschöpfungskette, um die Kernkompetenz „Interieur von Transportmitteln" zu stärken. Andererseits schuf sie spezifische Dienstleistungen zu bestehenden Produkten. Auf diese Weise wurde sie einziger Ansprechpartner für ihre Kunden zu Themen der Inneneinrichtung.

Mit der Gestaltung von systemhaften Interieur-Lösungen entdeckte Lantal gleichzeitig einen wichtigen Erfolgsfaktor: Je stärker es ihr gelingen würde, im Innendesign die Identität des Transportunternehmens wiederzugeben, umso besser kann sich das Transportunternehmen wiederum von seinen Mitbewerbern differenzieren und beim Endkunden als einmalig verankern. Vor allem für die Fluggesellschaften war das interessant. Denn diese konnten sich schon seit Längerem kaum mehr über Preis, Anschluss, Essen, Kommunikationstechnologie voneinander abheben.

Entsprechend intensiv begann sich Lantal, mit der Identität ihrer Geschäftskunden in der Flugzeugbranche auseinanderzusetzen. Die zentralen Fragen drehten sich nun nicht mehr um die Menge und Qualität der Textilien, sondern den Beitrag des Interieurs zur Corporate Identity der Kunden. Da nicht mehr Standardeinrichtungen eingearbeitet werden konnten, begann Lantal eine Design-Abteilung aufzubauen. Deren Spezialisten befassen sich alleinig mit der Frage, wie der Markenstil eines Kunden sich einzigartig und wirkungsvoll im Interieur der Transportmittel integrieren lässt.

2003 waren die Ansprechpersonen für Lantal bei den Fluggesellschaften mehrheitlich technische Abteilungen. Diese prüften, ob die Textilien die Spezifikationen erfüllten. Danach leitete sie den Auftrag an den Einkauf weiter, der die Konditionen mit Lantal verhandelte. Heute hingegen wird das Thema Innendesign beim Kunden vermehrt durch die Verantwortlichen für die Markenpflege und Produktentwicklung vorbereitet und danach auf Stufe der Geschäftsleitung verabschiedet.

Mit der Gesamtgestaltung der Innenausstattung rückte für Lantal immer mehr der Endkunde ins Blickfeld. Lantal erkannte, dass, wenn sie es schaffen würde, für die Passagiere den maximalen Nutzen zu erbringen, sie auch die Transportunternehmen als ihre eigentlichen Kunden zufrieden stellen konnten. Deshalb schärfte Lantal ihre Vision in den nächsten Jahren bis zur folgenden finalen Formulierung: *„Lantal sichert durch systemhafte Gesamtlösungen höchstmögliches Wohlbefinden für die Reisenden.“*

Auswirkungen der Vision auf das Unternehmen Mit der Ausrichtung auf den Endkunden in der Vision betrat Lantal Neuland. Denn Lantal musste sich fragen: „Was beinhaltet Wohlbefinden? Wodurch wird es beeinflusst? Was sind die wesentlichen Faktoren für das Wohlbefinden beim Reisen?“ Um die Einflussfaktoren zu bestimmen, initiierte Lantal interne Projekte zu verschiedenen Themen.

Ein Thema war „Sitzen und Liegen“: Denn einerseits sind lange Reisen anstrengend, andererseits hat der Passagier zunehmend das Bedürfnis, erholt an seinem Zielort anzukommen. Überlegungen dazu führten zur Erfindung des pneumati-

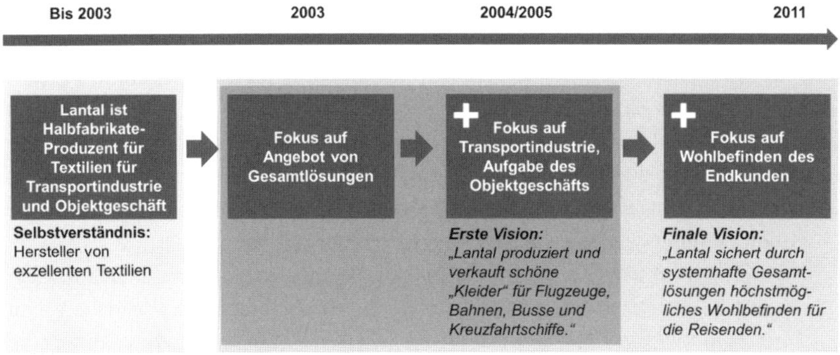

Abb. 2.12 Schritte in der Entwicklung der Vision von Lantal

schen Sitz-Kissens, das anstatt mit Schaumstoff mit Luft gefüllt ist. Der Passagier kann diese selber regulieren, die Liegefläche verstellen oder die eingebaute Massagefunktion in Anspruch nehmen – eine wesentlich komfortablere Lösung als frühere Varianten. Als erste große Airline stattete Swiss ihre First und Business Class mit diesen Sitzen aus und lancierte sie in einem Co-Branding mit Lantal. Während Swiss die Auszeichnung als weltweit beste Business Class erhielt, konnte Lantal seine Marke bei den Endkunden bekannter machen.

Um die pneumatischen Sitze zu erfinden und zu realisieren, musste Lantal neue Bereiche im Unternehmen auf- und ausbauen wie zum Beispiel das Innovationsmanagement, das Engineering, Labor & Teste.

Fazit Der Entwicklungspfad der Vision von Lantal (vgl. Abb. 2.12) lässt erkennen, dass die Vision über die Zeit wachsen musste. Die Entscheidung, Gesamtlösungen anzubieten, führte das Unternehmen auf einen neuen Weg. Auf diesem sammelte es Erfahrungen, gewann Einsichten und erschloss sich wieder neue Horizonte. Es ist die visionäre Kraft im Zusammenspiel mit einer konsequenten Umsetzung entlang der gesamten Wertschöpfungskette, welche das Unternehmen grundlegend verändert haben. Lantal ist nicht mehr der Textil-Hersteller von 2003, der sein Qualitätsbewusstsein im B2B-Geschäft zeigt. Heute schafft Lantal mit Qualität und Erfindungsreichtum echten Mehrwert für die Endkunden und unterstützt so seine Geschäftskunden in der Differenzierung von ihren Mitbewerbern.

Eine starke, ausgereifte Vision ermöglicht es auch, dass sich ein Unternehmen nicht an seinen Mitbewerbern, sondern an sich selbst orientiert. Sie zieht zudem klare Grenzen. Lantal wurde beispielsweise einmal ein rentabler Hersteller für Flugzeugküchen zum Kauf angeboten. Als Erstes stellte sich die Geschäftsleitung die Frage, ob dieses Geschäft im Einklang mit ihrer Vision steht, sprich einen Beitrag zum Wohlbefinden der Reisenden leistet. Sie erkannten, dass es Endkunden gleichgültig ist, welche Küche im Flugzeug eingebaut ist, sofern ihnen die Mahlzeiten schmecken. Dies betrifft allerdings eine Kernkompetenz des Caterings und nicht der Innenausstattung. Obwohl das Geschäft rentabel gewesen wäre und nahe bei der Tätigkeit von Lantal lag, lehnte Lantal deshalb das Angebot ab.

Lantal befindet sich immer noch in der Transformation. Die Vision ist nach wie vor gültig, ja gewinnt gar immer mehr an Bedeutung – ein Qualitätsmerkmal eines gelungenen Zukunftsbildes. So arbeitet das Unternehmen täglich auf seine Vision hin und darauf, dass sein Bekanntheitsgrad im B2B kontinuierlich steigt und zu den Endkunden getragen wird. Die langfristige Zielvorstellung wird dann erreicht sein, wenn ein Passagier weiß: „Dieses Transportmittel wurde durch Lantal ausgestattet – das garantiert mir das höchstmögliche Wohlbefinden".

2.3.3 Zukünftige strategische Erfolgspositionen

Unter Berücksichtigung der Vision definiert das Strategie-Team nun, auf welchen zukünftigen Strategischen Erfolgspositionen (SEP) die Organisation aufzubauen ist. Denn sie enthalten die Potenziale für nachhaltige Organisationserfolge. Die zukünftigen SEP werden analog zur Definition heutiger SEP anhand dieser Fragen bestimmt:

- *Produkte und Dienstleistungen:* Wieso kauft der interne oder externe Kunde in Zukunft unsere Produkte und Dienstleistungen und nicht jene unserer stärksten Mitbewerber?
- *Markt:* Welche marktseitigen Vorteile haben wir in Zukunft gegenüber unseren Konkurrenten?
- *Wertschöpfungssystem:* Über welche spezifischen Vorteile gegenüber unserer Konkurrenz verfügen wir in Zukunft in unserem Geschäftssystem (zum Beispiel Ressourcen, Kompetenzen, Prozesse)?

Mit den zukünftigen SEP ist die Strategie bereits als Konzept skizziert. Schemenhaft ist zu erkennen, wie das zukünftige Geschäftsmodell ausgestaltet sein müsste. Die Richtung für die späteren strategischen Analysen und die eigentliche Strategie-Entwicklung sind umrissen. Ein Vergleich mit dem aktuellen Geschäftsmodell lässt erahnen, in welchen Bereichen und in welchem Ausmaß die Strategie Änderungen im Geschäftsmodell voraussetzt. Dieser strategische Entwicklungsraum

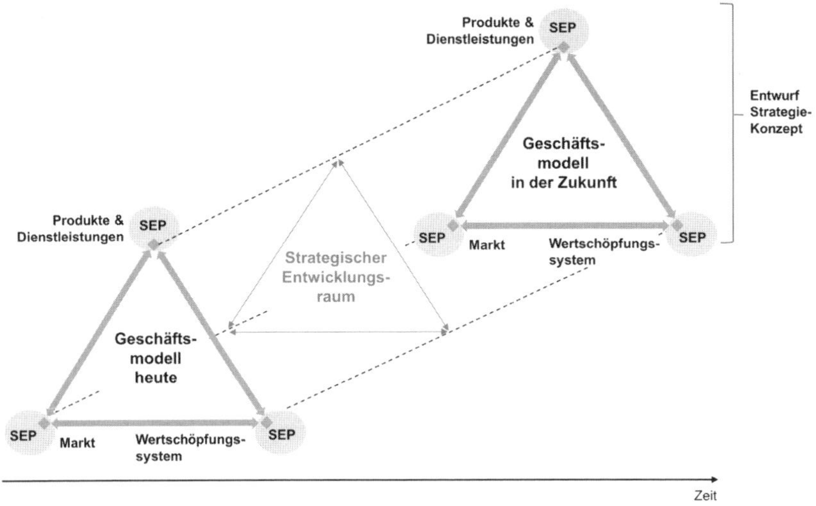

Abb. 2.13 Strategie-Konzept und strategischer Entwicklungsraum

begrenzt die Strategieformulierung, sodass sie das Machbare sinnvoll ausschöpft, ohne auszuufern (vgl. Abb. 2.13).

Vision und Strategie-Konzept bilden die Arbeitsannahmen, von denen ausgehend die eigentliche Strategie analytisch entwickelt und plausibilisiert wird. Die Arbeitsannahmen haben auf das strategische Denken eine kanalisierende, richtungsweisende Wirkung und ermöglichen eine zielfokussierte, effiziente Strategie-Entwicklung.

Dieses Vorgehen hat sich in der Strategie-Beratungspraxis vielfach bewährt. Denn jeder Strategieverantwortliche und jedes Führungsgremium beschäftigt sich regelmäßig mit verschiedenen Optionen zur Gestaltung von Zukunftswegen. Oft läuft diese Auseinandersetzung wenig bewusst ab. Mit der Skizzierung des strategischen Konzeptes werden nun die im Verborgenen gereiften Ideen und Vorstellungen über die Zukunft der Organisation bewusst formuliert, strukturiert und schriftlich festgehalten. Dazu braucht es Selbstvertrauen, respektive das Vertrauen, dass niemand das eigene Geschäft besser kennt als die eigenen Führungskräfte.

Genauso wie die Vision haben das Strategie-Konzept sowie der daraus abgeleitete strategische Entwicklungsraum im jetzigen Stadium Entwurfscharakter. Möglicherweise sind beide zu einem späteren Zeitpunkt zu schärfen. Denn Strategie-Entwicklung ist kein linearer, sondern ein iterativer Prozess. Insofern sind die Offenheit für neue Erkenntnisse und die Bereitschaft für spätere Änderungen Voraussetzungen für einen erfolgreichen Strategie-Prozess.

Kurzcheck Vision und Entwurf des Strategie-Konzepts

- Welche Bilder und Emotionen erzeugt Ihre Vision?
- Ist Ihre Vision richtungsweisend, motivierend und handlungsleitend?
- Welche zukünftigen SEP streben Sie an?
- Ist ersichtlich, wie viel Sie verändern müssen, um von der heutigen Situation zu Ihrer Vision und den zukünftigen SEP zu gelangen?
- Ist der Veränderungsbedarf ambitioniert, aber zugleich realistisch?

Literatur

1. Lewin, K. (1951). *Field theory in social science.* New York: Harper and Row.
2. Lombrisier, R., & Abplanalp, P. A. (2010). *Strategisches Management: Visionen entwickeln – Strategien umsetzen – Erfolgspositionen aufbauen* (5., vollst. überarb. u. erw. Aufl.). Zürich: Versus.
3. Pümpin, C. (1982). *Management strategischer Erfolgspositionen: das SEP-Konzept als Grundlage wirkungsvoller Unternehmensführung.* Bern: Haupt.
4. Senge, P. M. (2011). *Die fünfte Disziplin: Kunst und Praxis der lernenden Organisation* (11. Aufl.). Stuttgart: Klett-Cotta.

3 Komplexität der Strategie-Situation

Zusammenfassung

Nachdem die Ausgangslage geklärt ist, beschäftigt sich das Strategie-Team damit, die Komplexität der Strategie-Situation zu verstehen. Denn bei strategischen Entscheidungen ist sie stets mit zu berücksichtigen. Dazu identifiziert das Strategie-Team zunächst die Geschäftslogik: den Motor, der das Geschäft antreibt, die wichtigsten Einflussfaktoren auf den Erfolg einer Organisation sowie deren Interdependenzen. Diese stellt sie visuell als Netzwerk dar: Die Knoten stehen für die Faktoren, die Pfeile für die Beziehungen untereinander. Sich verstärkende und abschwächende Wirkungen werden ebenfalls im Netzwerk eingetragen. Im nächsten Schritt legt das Team die zeitlichen Abhängigkeiten und die Einflussstärken offen. Schließlich überprüft es, welche der Faktoren sich zum Nutzen der Strategie lenken lassen. Das so verfeinerte Netzwerk begleitet den weiteren Strategie-Prozess (Abb. 3.1).

3.1 Geschäftslogik

Die strategische Ausgangslage ist identifiziert, die Vision entwickelt und die aktuellen Strategischen Erfolgspositionen (SEP) sind bestimmt. Nun geht es darum, die Geschäftslogik der Organisation zu erfassen, um eine Strategie zu entwickeln, die der Komplexität, in der eine Organisation agiert, gerecht wird. Dazu sind die strategisch relevanten, internen und externen Einflussfaktoren zu bestimmen und ihre dynamischen Wechselwirkungen zu würdigen. Das Vorgehen orientiert sich am Ansatz des „Vernetzten Denkens" nach Gomez und Probst [2, 3].

G. Probst, C. Wiedemann, *Strategie-Leitfaden für die Praxis*,
DOI 10.1007/978-3-658-02159-7_3, © Springer Fachmedien Wiesbaden 2013

Abb. 3.1 Strategie-Methodik: Komplexität der Strategie-Situation verstehen

3.1.1 Vernetztes Denken im Management

Organisationen sind zunehmend stärker mit ihrem Umfeld vernetzt; Markt-Dynamiken steigen. Der Umgang mit komplexen Entscheidungssituationen ist zur zentralen Herausforderung des Managements geworden. Dabei ist die Ziele setzende, planende, koordinierende und überwachende Führungskraft ein Mythos. Denn das turbulente Tagesgeschäft beschränkt die verfügbare Zeit. Die in der Zeitfalle steckende Führungskraft vereinfacht deshalb das Problem durch Reduktion mangels besseren Wissens. Häufige Denkfehler sind dabei ungenügende Zielerkennung, Beschränkung auf Problemausschnitte, einseitige Schwerpunktsetzung, Nichtbeachtung von Nebenwirkungen und die Tendenz zur Übersteuerung (vgl. [1]). Damit riskiert die Führungskraft, das Problem symptomatisch zu bekämpfen, nur teilweise zu lösen oder gar zu verschlimmern.

Um fundamentale, teure Fehler zu vermeiden, ist es für Führungskräfte zentral, den Unterschied zwischen einfachen, komplizierten und komplexen Systemen zu kennen. Ein einfaches System enthält wenige Elemente mit stabilen Interaktionen; sein Verhalten ist voraussagbar. Wird zum Beispiel der Schlüssel im Schloss gedreht, schliesst sich die Tür auf. Die gleiche Handlung führt jederzeit zum selben Ergebnis.

Komplizierte Systeme haben viele veränderbare Elemente. Diese operieren jedoch nach klaren Mustern. Beispielsweise sind im nationalen Stromnetz viele Elemente miteinander logisch verknüpft. Genauso kann ein Passagierflugzeug durch eine komplizierte, aber vorhersagbare Abfolge von Schritten geflogen werden. So sind ebenfalls genaue Vorhersagen über das Verhalten eines komplizierten Systems möglich. Folglich ist ein solches System erstaunlich sicher.

Komplexe Systeme hingegen bestehen aus Elementen, die zwar nach Mustern operieren, deren Interaktionen sich aber im Zeitablauf kontinuierlich verändern. Das Ausmass der Komplexität bestimmt sich durch drei Faktoren (vgl. Abb. 3.2):

- Vielzahl an potenziell interagierenden Elementen
- Anzahl und Art der Abhängigkeiten zwischen den Elementen
- Heterogenität der Elemente

Das Klima ist ein Beispiel für ein komplexes System: Zum einen bedingen die geographische Breite, Höhenlage und Relief, Lage zum Meer sowie Bodenbedeckung das Klima. Sie sind in verschiedenen Regionen unterschiedlich stark ausgeprägt. Hinzu kommen die Elemente, die im täglichen Wetterbericht erwähnt werden: Temperatur, Luftdruck, Windrichtung, -stärke und -geschwindigkeit, Niederschlag, Luftfeuchtigkeit, Bedeckung des Himmels, Wolken. Diese beeinflussen sich auch gegenseitig. So können kleine Änderungen zu erheblichen Änderungen an

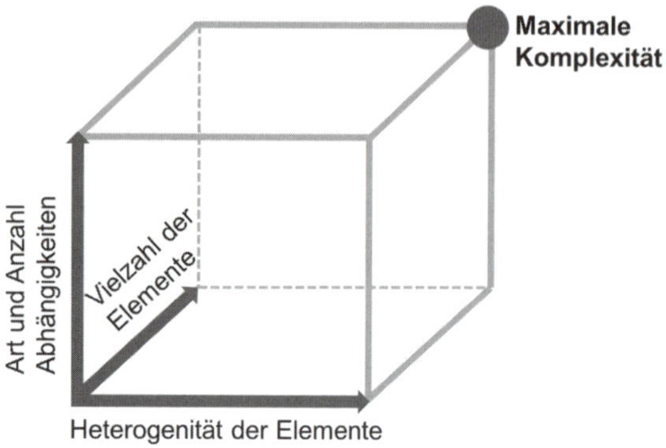

Abb. 3.2 Dimensionen von Komplexität

anderen Stellen im System führen, wie etwa das mittelfristig unvorhersehbare Auftreten von El Niño, die plötzliche Umkehr des Stroms warmen Oberflächenwassers im Pazifik, zeigt. Die durchschnittlichen Messwerte des Wetters über mindestens 30 Jahre ergeben das Klima. Der Begriff Klima erfasst also alle an einem Ort möglichen Wetterzustände, ein dynamisches, nicht-lineares System. Das allein schon erschwert die Vorhersehbarkeit und führt zu widersprüchlichen Aussagen. Durch menschliche Eingriffe in das Klima – sei es unbewusst oder bewusst – erhöht sich noch einmal die Komplexität. Das Fazit ist: Zukunftsangaben für das Klima ergeben lediglich ein grobkörniges Bild.

Interaktionen in einfachen und komplizierten Systemen lassen sich mit der Zeit logisch erschliessen. Das Systemverhalten ist voraussagbar und planbar. Es ist jedoch unmöglich, in ähnlicher Weise komplexe Systeme zu verstehen. Denn komplexe Systeme können auf unerwartete Weise interagieren. Aus der Vergangenheit lässt sich oft nicht in die Zukunft extrapolieren. Es ist schwierig, in ihnen einen Sinn zu erkennen, weil die Komplexität über die Vorstellungskraft hinausgeht. Zudem können Ausreisser in komplexen Systemen oft immens bedeutendere Konsequenzen haben als Durchschnittswerte.

Deshalb bedarf das mit Komplexität konfrontierte Management eines Lösungsansatzes, der ein zukunftsorientiertes Denken in Varianten und eine taktisch clevere Reaktion auf Spontanereignisse ermöglicht. Die Methodik des Vernetzten Denkens bringt diese Qualitäten mit: Sie hilft, relevante Zusammenhänge zu erkennen und ganzheitliche, systemgerechte Lösungen zu entwickeln, die nachhaltig wirken. Denn einerseits zeigt sie die Komplexität auf, innerhalb derer eine Organisation wirtschaftet. Dazu wird die Geschäftslogik mit dem, was das Geschäft antreibt, mit ihren wesentlichen internen und externen Faktoren, gegenseitigen Abhängigkeiten und zeitlichen Wirkungsdynamiken visualisiert und auf einer „Landkarte“ transparent dargestellt. Indirekte Wirkungen und Rückwirkungen auf Ursachen können so gesehen und verstanden, Neben- und Fernwirkungen von Eingriffen besser berücksichtigt sowie Chancen und Gefahren früh erkannt werden. Andererseits schafft die Methodik des Vernetzten Denkens einen gemeinsamen Orientierungsrahmen und ein gemeinsames Problembewusstsein im Team. Beides ist förderlich für den weiteren Strategie-Prozess.

3.1.2 Erfassen der Geschäftslogik

Strategische Planungsprozesse orientieren sich in der Praxis oft an allgemeinen Checklisten: Unter verschiedenen Einflussfaktoren sollen die ausgewählt werden, die mutmasslich für den Erfolg einer Organisation relevant sind. Die Listenauswahl liefert aber meist unbefriedigende Ergebnisse, weil jede Organisation durch ein spezifisches Faktoren-Set charakterisiert ist. Allerdings ist es tatsächlich für Ungeübte herausfordernd, die strategisch wichtigen Faktoren und ihre Vernetzung untereinander herauszuarbeiten. Im Folgenden wird daher beschrieben, wie dies gelingen kann – als Basis für das Ziel, eine komplexitätsgerechte Strategie zu entwickeln und umzusetzen.

Zuerst entwickelt das Strategie-Team aufgrund des Geschäftsmodells den Antriebsmotor der Geschäftslogik gemeinsam, beispielsweise auf einem grossen Blatt Papier. Ein spezielles Software-Programm ist dafür nicht notwendig. Nützlich hat sich eine Gliederung des Blatts in fünf Teile erwiesen, um verschiedene Perspektiven zu berücksichtigen, wie es Abb. 3.3 demonstriert.

Der Antriebsmotor ist der Kreislauf von Faktoren, der für das Geschäft einer Organisation zentral ist. Um ihn zu bestimmen, bietet es sich bei am Markt wirtschaftenden Organisationen an, beim erzeugten Kundennutzen zu beginnen. Von dort aus werden rückwärts und vorwärts die Faktoren identifiziert, die zum Erfolg beitragen und die aus dem Erfolg resultieren, und mit Pfeilen, die die Ursache-Wirkungszusammenhänge darstellen, miteinander verbunden.

An den Pfeilen sind die Wirkungsverhältnisse anzugeben. Gleichgerichtete, verstärkende Beziehungen, die mit einem Plus (+) gekennzeichnet werden, liegen zum Beispiel vor, wenn die Erhöhung der Innovationstätigkeit zu einer größeren Produktpalette und damit zu einer höheren Kundenzufriedenheit führt. Entgegengerichtete, dämpfende oder stabilisierende Beziehungen entstehen, wenn aus der Erhöhung der Innovationstätigkeit höhere Kosten und damit geringere Erlöse resultieren. Zwischen dem ersten und dem zweiten Faktor ist die Beziehung noch

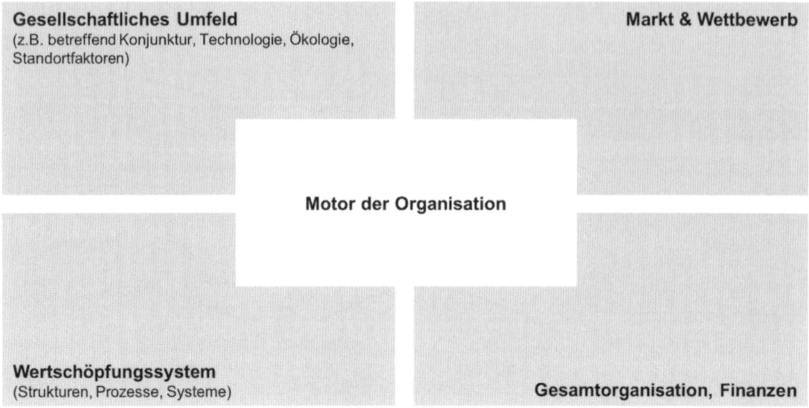

Abb. 3.3 Vorlage zur Erstellung der Geschäftslogik

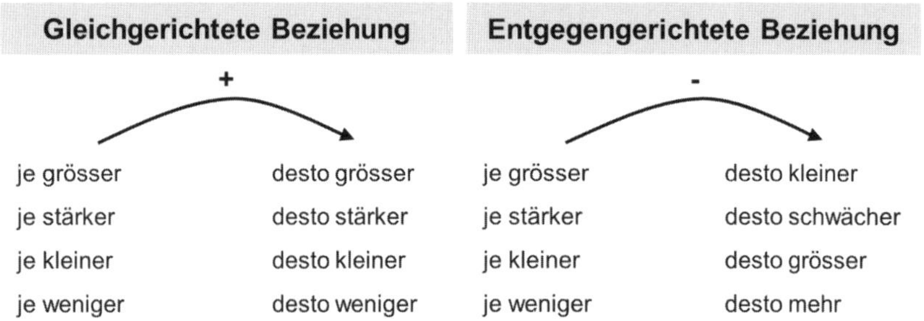

Abb. 3.4 Schreibweise der Wirkungsverhältnisse

gleichgerichtet. Die Beziehung zum dritten Faktor ist jedoch mit einem Minus (–) zu markieren (vgl. Abb. 3.4).

Das Team kann bei der Entwicklung auf mehrere Kreisläufe stossen. Nur einer davon stellt jedoch den zentralen Motor dar: Er lässt selbstverstärkend das Geschäft wachsen, er macht es erfolgreicher. Aus ihm kann in schlechten Zeiten jedoch ein Teufelskreis werden, wenn er sich selbstverstärkend „abwärts" bewegt.

Den Motor erweitert das Team mit weiteren wichtigen internen und externen Einflussfaktoren auf den Erfolg. Bei der Suche nach diesen Faktoren hilft im Allgemeinen die Wahl unterschiedlicher Perspektiven – beispielsweise das gesellschaftliche Umfeld, Markt & Wettbewerb, Finanzen, Wertschöpfungssystem – sowie im Besonderen die in Abschn. 2.2. definierten Strategischen Erfolgsposi-

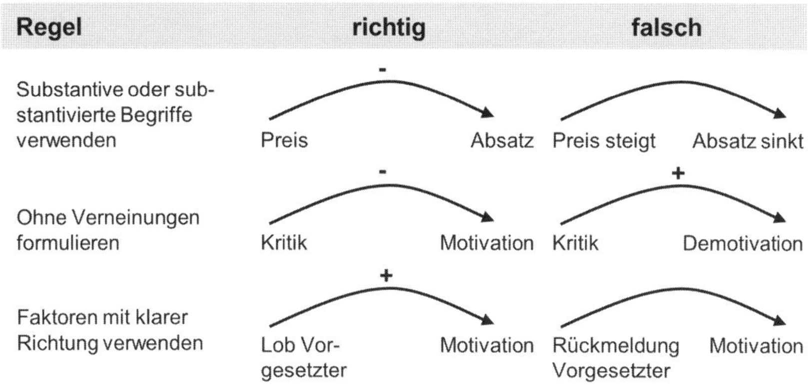

Abb. 3.5 Hinweise zum Formulieren der Faktoren im Netzwerk

tionen. Häufig kommen – so zeigt es die Praxis – zwischen zwanzig und dreissig Faktoren zusammen. Als nächstes vernetzt das Team die Faktoren entsprechend ihren Ursache-Wirkungszusammenhängen mit Pfeilen. Darauf zu achten ist, nicht alle Kausalitäten einzuzeichnen, sondern sich auf die wesentlichen zu beschränken. Es erweist sich als hilfreich, jede dieser wesentlichen Beziehungen laut und in ganzen Sätzen auszusprechen, bevor sie mit den Zeichen für selbstverstärkende (+) oder dämpfende (−) Wirkungen festgehalten werden.

Um die Verständlichkeit zu erhöhen und die Wirkungsverhältnisse eindeutig angeben zu können, ist bei der Formulierung der Faktoren darauf zu achten, in etwa das gleiche Abstraktions- beziehungsweise Aggregationsniveau beizubehalten. Will man später über bestimmte Zusammenhänge mehr wissen, kann immer noch der Auflösungsgrad stellenweise erhöht werden: Es wird in das Netzwerk eingeblendet, wie bei einer stärkeren Mikroskop-Vergrösserung. Zudem sind die in Abb. 3.5 dargestellten Hinweise für die Formulierung nützlich.

Beispielhaft ist in Abb. 3.6 das Netzwerk der Publikumszeitschrift dargestellt. Zentral ist der Motor zu erkennen: Die Verkaufsauflage treibt die Leser-Reichweite, die nach Anzahl Lesern einer gekauften Zeitschriften berechnet wird. Die Reichweite beeinflusst maßgeblich die akquirierten Anzeigen, denn Inserenten werben lieber in stark gelesenen Zeitschriften. Steigt das Anzeigenaufkommen, so wird der Verlag die freigewordenen Mittel in die Verbesserung des redaktionellen Angebots investieren können. Das wiederum wirkt verbessernd auf die Attraktivität der Zeitschrift. Und diese hat auf zwei weitere Faktoren Einfluss: die Verkäufe der Zeitschrift und den Preis, der für sie verlangt werden kann.

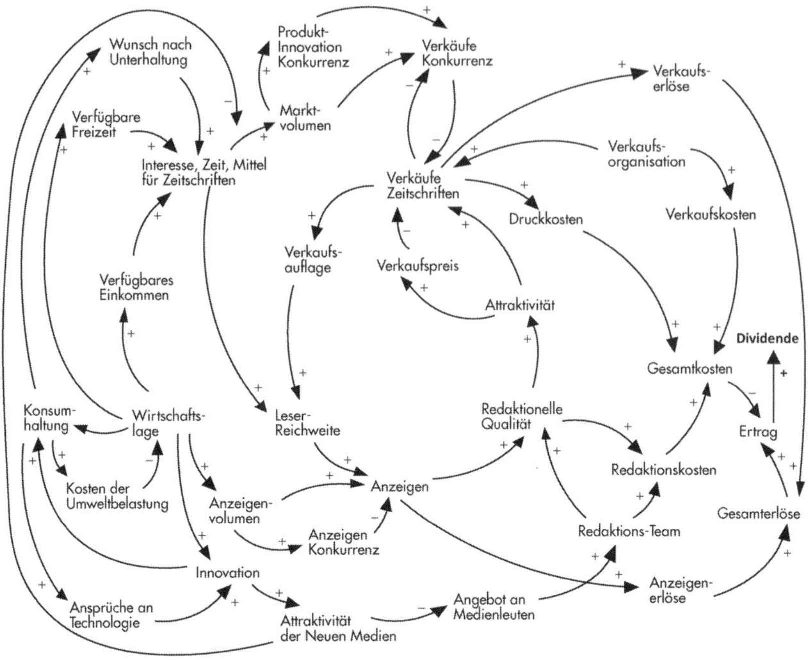

Abb. 3.6 Netzwerk einer Publikumszeitschrift

Bei einem größeren redaktionellen Angebot kann der Verkaufspreis erhöht werden. Allerdings: Je höher der Verkaufspreis ist, desto mehr besteht die Gefahr, dass immer weniger Zeitschriften verkauft werden. Denn bei einer zu starken Erhöhung des Verkaufspreises wird psychologisch gesehen die Akzeptanztoleranz im Preisgefüge überschritten. Dann führt die Erhöhung dauerhaft dazu, dass sich der Motor in die entgegengesetzte Richtung zu einem Teufelskreis verstärkt.

Kurzcheck Geschäftslogik

- Wie sieht der zentrale Kreislauf (der „Motor") Ihrer Organisation aus?
- Verhält sich dieser Kreislauf selbstverstärkend?
- Gibt es weitere Kreisläufe verstärkender oder stabilisierender Art?

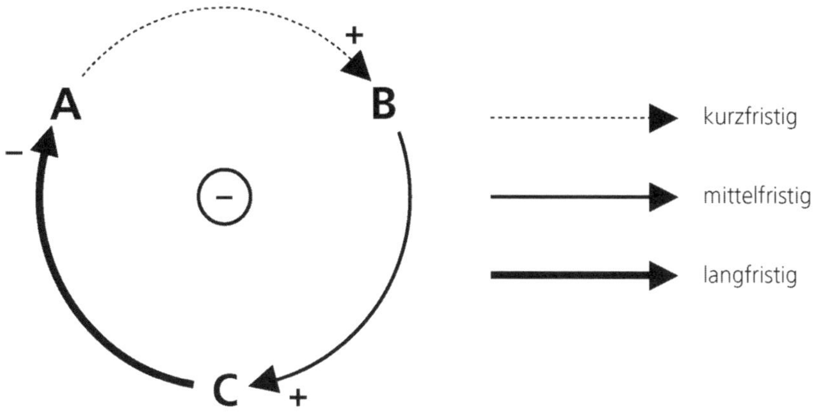

Abb. 3.7 Zeitliche Abhängigkeiten

3.2 Geschäftsdynamik

Die für die Organisation spezifische Geschäftslogik ist in einem Netzwerk dargestellt. Das Netzwerk wird nun hinsichtlich der zeitlichen Abhängigkeiten zwischen den Faktoren sowie hinsichtlich ihrer jeweiligen Einflussstärken spezifiziert.

3.2.1 Zeitliche Abhängigkeiten

Strategische Entscheidungen und Maßnahmen nützen wenig, wenn sie nicht zur rechten Zeit getroffen, eingeleitet und durchgeführt werden. Denn Faktoren wirken mit unterschiedlichen zeitlichen Verzögerungen aufeinander. Zuverlässige Annahmen über ihre Wirkungsverzögerungen sind unerlässlich, um den Zeitbedarf bei Entscheidungen, in Veränderungsprozessen sowie in der strategischen Frühwarnung (vgl. Abschn. 6.2) zu berücksichtigen (Abb. 3.7).

Es genügt meistens, zwischen kurz-, mittel- und langfristigen zeitlichen Abhängigkeiten zu unterscheiden. Je nach Branche, Organisation und Untersuchungszeitraum sind diese Zeitperioden unterschiedlich zu definieren. Das Zeitverhalten wird im Netzwerk dann mit verschiedenen Strichformen (vgl. Abb. 3.8) oder unterschiedlichen Farben gekennzeichnet.

Abbildung 3.8 veranschaulicht für die Publikumszeitschrift die zeitliche Dynamik im Netzwerk-Motor. Die grösste Wirkungsverzögerung weist die gleichge-

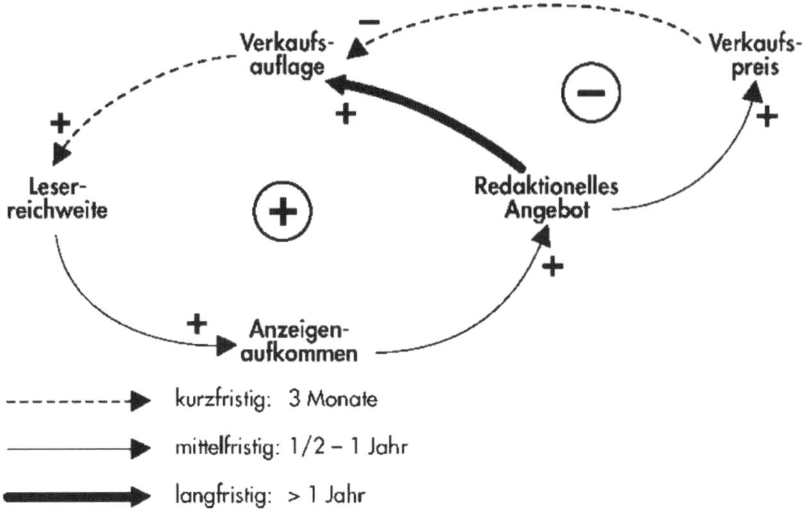

Abb. 3.8 Zeitliche Abhängigkeiten im Netzwerk-Motor

richtete Beziehung zwischen redaktionellem Angebot und der Verkaufsauflage auf. Hingegen wird mit einer höheren Verkaufsauflage binnen drei Monaten die Leserreichweite vergrössert. Mittelfristig steigt dadurch das Anzeigenaufkommen und in der Folge auch das redaktionelle Angebot.

3.2.2 Einflussstärken

Die einzelnen Faktoren wirken unterschiedlich stark aufeinander. Dadurch sind sie unterschiedlich gut für strategische Eingriffe geeignet:

- *Aktive Größen*: Strategisch relevant sind vor allem diejenigen Faktoren, die einen starken Einfluss auf viele andere Größen haben, selbst hingegen nur wenig beeinflusst werden. Mit ihnen können Hebelwirkungen erreicht werden
- *Kritische Größen* haben einen starken Einfluss auf andere Faktoren und werden zugleich selbst stark beeinflusst. Sie sind deshalb kritisch, weil mit ihrer Veränderung das Risiko einhergeht, auch unbeabsichtigte Wirkungen zu erzielen
- *Reaktive Größen* sind diejenigen Faktoren, die einer deutlich stärkeren Beeinflussung unterliegen, als sie selbst auf andere Größen Einfluss nehmen. Um sie zu bewegen, ist bei den Faktoren, die auf sie wirken, anzusetzen

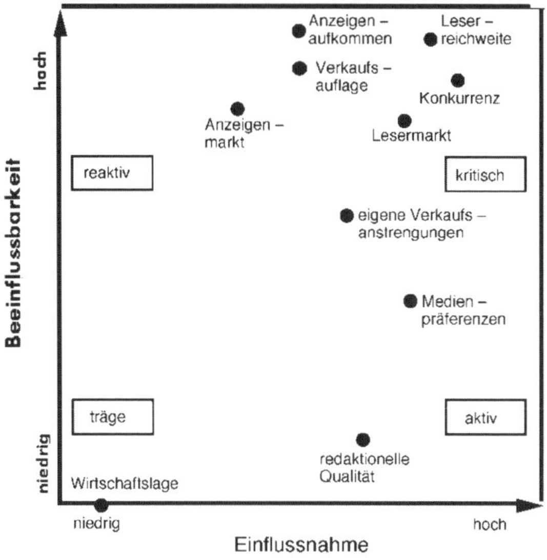

Abb. 3.9 Einflussmatrix für eine Publikumszeitschrift

- *Träge Größen* vermögen weder selbst stark zu beeinflussen, noch können sie stark beeinflusst werden. Aus strategischer Sicht sind sie eher zu vernachlässigen, stellen im Netzwerk jedoch Zwischenpositionen dar

Das Strategie-Team kann die Einflussstärken qualitativ oder quantitativ bestimmen. Beim qualitativen Vorgehen trägt es den visuellen Eindruck des Netzwerkes in der Einflussmatrix ein. Gehen beispielsweise verhältnismäßig viele Pfeile von einem Faktor zu anderen Größen im Netzwerk, ohne dass Pfeile auf denjenigen Faktor gerichtet sind, so teilt es den Faktor in der Matrix „Einflussnahme/Beeinflussbarkeit" in die Kategorie „aktiv" ein. Beispielhaft sind einige Einflussstärken für das Netzwerk der Publikumszeitschrift (siehe Abb. 3.6) in eine Einflussmatrix eingetragen (Abb. 3.9).

Falls die Einflussmatrix keine eindeutigen Ergebnisse liefert, kann das Strategie-Team auf den – allerdings zeitaufwendigeren – quantitativen Ansatz des „Papiercomputers" von Frederic Vester [4] zurückgreifen. Dabei wird der Einfluss eines Faktors auf einen anderen mit Zahlen von 0 (kein Einfluss) bis 3 (sehr großer Einfluss) abgetragen. Die Summe aus den Spalten zeigt die Beeinflussbarkeit eines Faktors insgesamt. Die Zeilensumme zeigt, wie sehr ein Faktor beeinflusst. Wiederum ist der Papiercomputer hier für das Netzwerk der Publikumszeitschrift (siehe Tab. 3.1) teilweise ausgefüllt.

Tab. 3.1 Papiercomputer für eine Publikumszeitschrift

	A	B	C	D	E	F	G	...	*Summe (Einflussnahme)*
A Wirtschaftslage	–	1	1	2	1	1	0	...	*6*
B Medienpräferenzen	0	–	3	2	2	2	3	...	*12*
C Volumen Lesermarkt	0	2	–	2	2	3	3	...	*12*
D Volumen Anzeigenmarkt	0	1	2	–	2	1	1	...	*7*
E Stärke Konkurrenz	0	1	2	2	–	3	3	...	*11*
F Verkaufsauflage	0	1	2	2	2	–	3	...	*10*
G Leserreichweite	0	1	2	2	3	2	–	...	*10*
...	...	...	...	...	...	...	...	–	...
Summe (Beeinflussbarkeit)	*0*	*7*	*12*	*12*	*12*	*12*	*13*	...	

Sowohl die Einflussmatrix als auch der Papiercomputer verdeutlichen: Für strategische Eingriffe sehr gut geeignet ist die redaktionelle Qualität: Sie hat einen starken Einfluss auf andere Größen, wird selbst jedoch nur wenig beeinflusst. Kritische Größen sind die Medienpräferenzen, das Volumen des Lesermarktes, die Stärke der Konkurrenz, die eigenen Verkaufsanstrengungen, die Auflage, die Leserreichweite sowie das eigene Anzeigenaufkommen. Hier ist Vorsicht geboten – sofern sie der Verlag überhaupt beeinflussen kann: Werden sie verändert, können sich unbeabsichtigte Wirkungen ergeben. Das Gesamtvolumen des Anzeigenmarktes hingegen reagiert eher, als dass es selbst beeinflusst. Ein träger Faktor ist die Wirtschaftslage. Sie kann weder selbst beeinflusst werden, noch übt sie mehr als nur einen leichten Einfluss auf das Geschäftsmodell aus.

Kurzcheck Geschäftsdynamik

- Mit welchen zeitlichen Verzögerungen wirken die Faktoren in Ihrem Netzwerk aufeinander?
- Welches sind die aktiven, kritischen, reaktiven und trägen Faktoren in Ihrem Netzwerk?

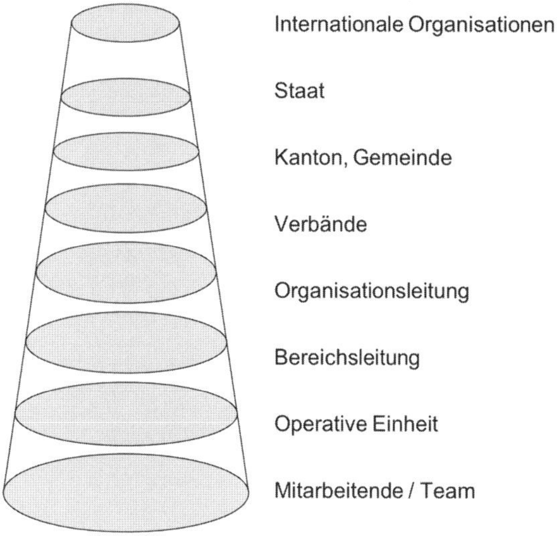

Abb. 3.10 Mögliche Lenkungsebenen

3.3 Lenkungszusammenhänge

Die Geschäftslogik ist vollständig erfasst. Ziel ist es nun, für die Netzwerk-Faktoren die Lenkungsebene bewusst zu machen und die entsprechenden Lenkungsaspekte zu bestimmen.

3.3.1 Lenkungsebene und Geltungsbereich

Im Rahmen der strategischen Führung stellt sich erst einmal die Frage nach den effektiven Lenkungsmöglichkeiten. Sie sind erstens determiniert durch die Lenkungsebene, auf der die Netzwerk-Faktoren angesiedelt sind. Lenkungsebenen bauen hierarchisch aufeinander auf (vgl. Abb. 3.10).

Zweitens sind die Lenkungsmöglichkeiten dadurch beeinflusst, für welche Ebene die Strategie entwickelt wird (Geltungsbereich). Häufig sind die Faktoren, die hierarchisch gesehen auf den Ebenen darüber liegen, schlechter zu lenken als die auf der gleichen oder tieferen Ebenen. So hat eine Organisationsstrategie einen anderen Handlungsspielraum als eine Bereichsstrategie.

Drittens unterscheiden sich die Lenkungsmöglichkeiten (und damit die Strategien) nach Art der Organisation – seien es Unternehmen oder öffentliche Verwaltungen: Eine Unternehmensstrategie ist bestrebt, geschäftsfeld-übergreifend einen höheren Wert zu schaffen als die Summe seiner Geschäftsfelder. Dazu steuert das Unternehmen sein Geschäftsfeld-Portfolio entsprechend. Einzelne Unternehmensbereiche wiederum zielen mit ihren Bereichsstrategien häufig darauf ab, Wettbewerbsvorteile zu schaffen oder zu erhalten.

Öffentliche Verwaltungen und Nichtregierungsorganisationen hingegen sind weit weniger profitgetrieben und dem Wettbewerb ausgesetzt. Ihr Handlungsspielraum ist gegebenenfalls auch rechtlich anders begrenzt. Zudem verlangt insbesondere bei Verwaltungen das Subsidiaritätsprinzip, dass sie Aufgaben erledigen, die der Markt ansonsten nicht wahrnimmt. Damit ist ihre Kundenauswahl limitiert. Deshalb zielen Strategien von öffentlichen Verwaltungen und Nichtregierungsorganisationen eher darauf, einzigartige Leistungen effizient und effektiv zu erbringen. Ist beispielsweise eine Verwaltung erfolgreich, dankt es ihr die Gesellschaft mit einer starken Position im Verwaltungsgefüge, mit Reputation und Anerkennung. Daraus kann eine Verwaltung wieder vielfältigen Nutzen ziehen wie zum Beispiel einen größeren finanziellen Spielraum, mehr Verantwortung, eine Erweiterung ihres Produkt- und Dienstleistungsportfolio. Selbstverständlich können öffentliche Verwaltungen ihre Strategien genauso wie private Unternehmen auf Bereichsebene oder für Funktionen konkretisieren.

3.3.2 Lenkungsaspekte

Aus Sicht der gewählten Lenkungsebene für den Strategie-Prozess können Faktoren im Netzwerk in lenkbare und nicht lenkbare unterschieden werden:

- *Lenkbare Faktoren:* Sie bilden die Ansatzpunkte für strategische Eingriffe. Die Lenkbarkeit ist eng zu verstehen. Faktoren müssen von der gewählten Lenkungsebene aus direkt gesteuert und verändert werden können
- *Nicht lenkbare Faktoren:* Sie bilden einen Teil des Umfeldes für den Strategie-Prozess. Sie können nicht direkt von der gewählten Lenkungsebene beeinflusst werden. Mittels Szenarien und Eventualplanung kann sich eine Organisation jedoch auf ihre Veränderungen vorbereiten, um im Eintrittsfall genügend flexibel reagieren zu können

Vornehmlich die nicht lenkbaren Faktoren können zudem Indikatoren darstellen: An einigen lässt sich der Erfolg der Strategie festmachen. Sie werden als Messgrössen für den Erfolg, kurz: Erfolgsindikatoren oder Key Performance Indicators

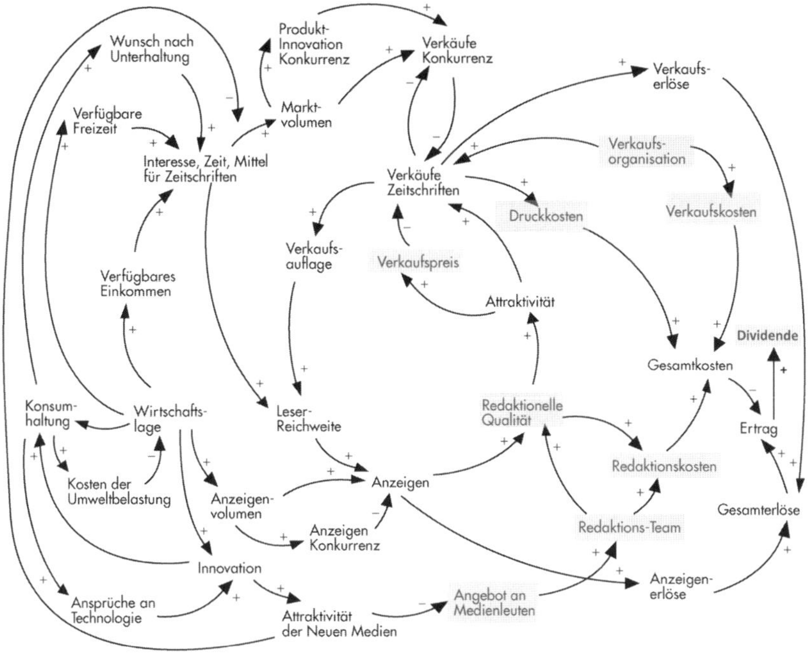

Abb. 3.11 Lenkungsaspekte im Netzwerk der Publikumszeitschrift

bezeichnet (siehe Abschn. 5.1.2). Andere ermöglichen es, frühzeitig erste, schwache Signale über zukünftige Geschehnisse zu empfangen. Mittels ihnen kann sich eine Organisation proaktiv mit den damit einhergehenden Chancen, Gefahren und Risiken auseinandersetzen (siehe Abschn. 6.1).

Ausgehend von dem in Abb. 3.6 dargestellten Netzwerk der Publikumszeitschrift sind in Abb. 3.11 die Faktoren in nicht lenkbar und lenkbar eingeteilt (grau unterlegt sind die lenkbaren Faktoren). Das geschieht aus Sicht des Bereichs, der für diese Publikumszeitschrift im Verlag zuständig ist. Erkennbar ist, dass dem Bereich verhältnismäßig wenige Ansatzpunkte für die Gestaltung seiner Strategie zur Verfügung stehen.

Kurzcheck Lenkungszusammenhänge

- Was ist die Lenkungsebene für Ihre Strategie?
- Welche drei Faktoren in Ihrem Netzwerk sind für strategische Eingriffe am besten geeignet? Weshalb?

Literatur

1. Dörner, D. (2003). *Die Logik des Misslingens. Strategisches Denken in komplexen Situationen* 11. Aufl. Reinbek: Rowohlt Taschenbuch Verlag.
2. Gomez, P., & Probst, G. (1991). *Vernetztes Denken: Ganzheitliches Führen in der Praxis* 2., erw. Aufl. Wiesbaden: Gabler.
3. Gomez, P., & Probst, G. (2007). *Die Praxis des ganzheitlichen Problemlösens: Vernetzt denken - Unternehmerisch handeln - Persönlich überzeugen* 3. Aufl. Bern: Haupt.
4. Vester, F. (2002). *Die Kunst vernetzt zu denken: Ideen und Werkzeuge für einen neuen Umgang mit Komplexität. Ein Bericht an den Club of Rome.* München: Deutscher Taschenbuch Verlag.

4 Strategie-Entwicklung

Zusammenfassung

Vom Netzwerk ausgehend untersucht das Strategie-Team das Umfeld auf wichtige Trends, die Chancen oder Gefahren für die Organisation bereithalten. Die Trends verdichtet es zu Szenarien. Gleichfalls analysiert es die eigene Organisation auf Stärken und Schwächen. Die Ergebnisse werden zusammen geführt. Daraus leitet das Team strategische Hinweise ab, wie die Organisation mit ihren Stärken und einer aktiven Reduktion ihrer Schwächen Chancen nutzen und Gefahren adäquat begegnen kann. Dies markiert den Übergang von der Analyse zur Festlegung der Strategie.

Das Team formuliert nun mehrere Strategie-Alternativen für die nächsten drei bis fünf Jahre. Dazu stützt es sich einerseits auf das bisher Erarbeitete. Andererseits wird es von einigen Strategie-Dimensionen geleitet, die die Perspektiven-Vielfalt fördern. Anhand von Kriterien wählt das Team dann die passendste Alternative aus und beschreibt sie näher. Zuletzt beurteilt das Strategie-Team seine Ergebnisse aus finanzwirtschaftlicher, struktureller und kultureller Sicht. Zwei längere Fallbeispiele verdeutlichen Teile des Vorgehens (Abb. 4.1).

4.1 Umfeld- und Organisations-Analyse

Die Komplexität der Strategie-Situation ist bekannt. Nun trägt das Strategie-Team jene Informationen zusammen, die für die Entwicklung der Strategie bedeutsam sind. Einerseits sind dies Erkenntnisse über das Umfeld und mögliche Entwicklungen (Umfeld-Analyse), sei es zum Beispiel bezogen auf Branchentrends oder auf die unmittelbaren Konkurrenten. Andererseits interessiert der Zustand der eigenen Organisation (Organisations-Analyse). Eine solide Informationslage ist nicht

G. Probst, C. Wiedemann, *Strategie-Leitfaden für die Praxis*,
DOI 10.1007/978-3-658-02159-7_4, © Springer Fachmedien Wiesbaden 2013

nur für die Analyse relevant, sondern liefert auch zu einem späteren Zeitpunkt Argumente für die Plausibilisierung der Strategie. Allerdings sollten nur so viele Informationen wie gerade nötig zusammen getragen und analysiert werden. Um die Recherche und Auswertung pragmatisch und fokussiert zu gestalten, ist es hilfreich, zu Beginn Leitfragen zu formulieren: Was ist jeweils zu klären, um die bisherigen Vorstellungen über die erwünschte Zukunft zu stützen oder zu entkräften: Ist die Vision in diesem Umfeld erstrebenswert und erreichbar? Können die angestrebten SEP in diesem Umfeld aufgebaut werden? Oder sind alternativ die Vision und die SEP zu schärfen? Etwaige, bereits vorhandene Vorstellungen über die Strategie sollten die Analyse dagegen nicht beeinflussen.

Beide Analysen gliedern sich in drei Schritte, wie Abb. 4.2 zeigt. Das Strategie-Team identifiziert anhand des Netzwerkes den Analysebedarf: Auf welche Faktoren ist besonderes Augenmerk zu richten? Was ist bei jedem dieser Faktoren (sowie den möglichen Kombinationen) zu klären? Je nach Fragestellung kann es sinnvoll sein, weitere Mitarbeitende einzubeziehen. Sie werden zugleich für die Themen sensibilisiert – ein Vorteil in der späteren Umsetzung. Dann ermittelt das Team die benötigten Informationen. Die dazu geeigneten Methoden sind individuell festzulegen. Schließlich interpretiert und präsentiert das Team die Ergebnisse und leitet erste mögliche strategische Entwicklungspfade ab.

4.1.1 Durchführung der Umfeld-Analyse

Das Strategie-Team konzentriert sich auf Faktoren im Umfeld, deren Zusammenspiel und die sich daraus ergebenden Konsequenzen. Je nach Organisationsmacht sind diese Faktoren zumeist nicht lenkbar. Um den Aufwand überschaubar zu halten, wählt es die wichtigsten aus. Die folgende Frage unterstützt die Filterung beziehungsweise Gewichtung: „Welche nicht lenkbaren Faktoren und Kombinationen beeinflussen heute und in Zukunft die Organisation, ihre Vision und ihre zukünftigen strategischen Erfolgspositionen am stärksten?" Eine solche Gewichtung ist bei jeder Organisation anders. Beispielsweise ist eine Krankenkasse weitaus sensitiver gegenüber dem demografischen Wandel als ein Energiedienstleister.

Die ausgewählten Faktoren untersucht das Team nach mehreren Gesichtspunkten, insbesondere:

- Welche Trends zeichnen sich ab, die für die Organisation und ihre Zukunftsvorstellungen relevant sein können?
- Wo könnten Trendbrüche – abrupte Änderungen in Stärke und/oder Richtung – entstehen?

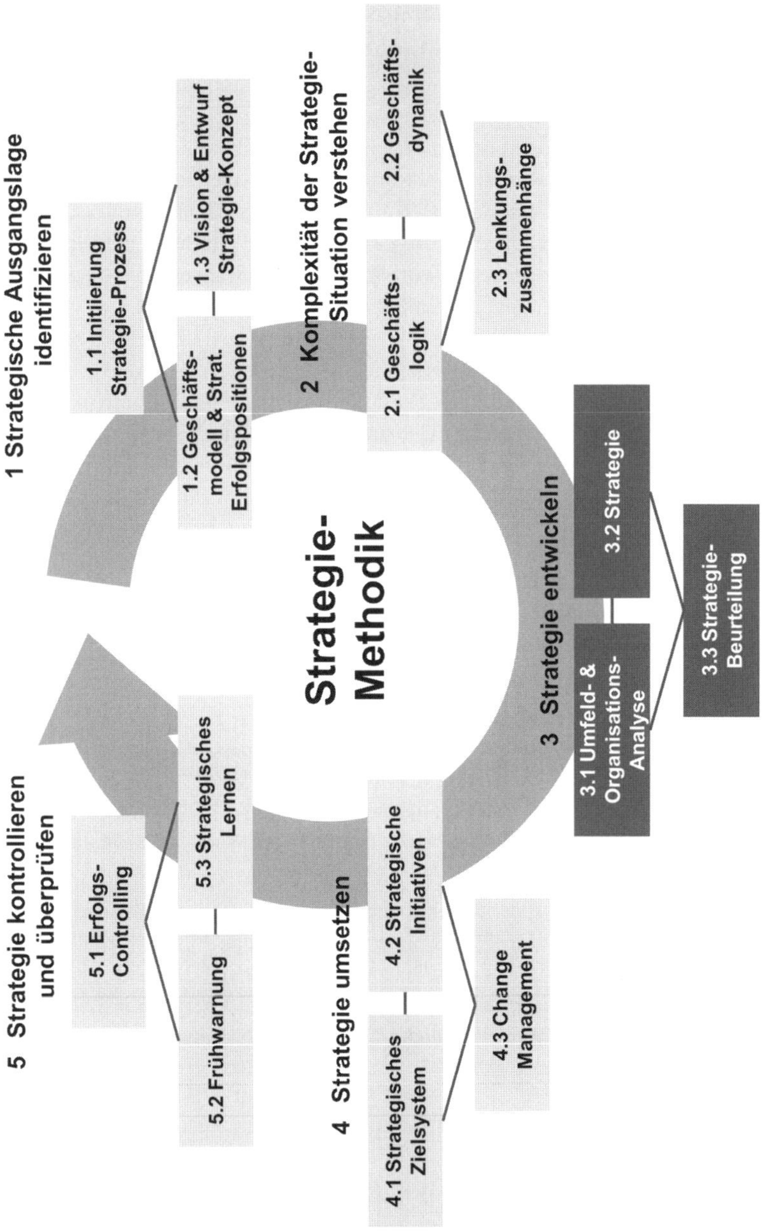

Abb. 4.1 Strategie-Methodik: Strategie entwickeln

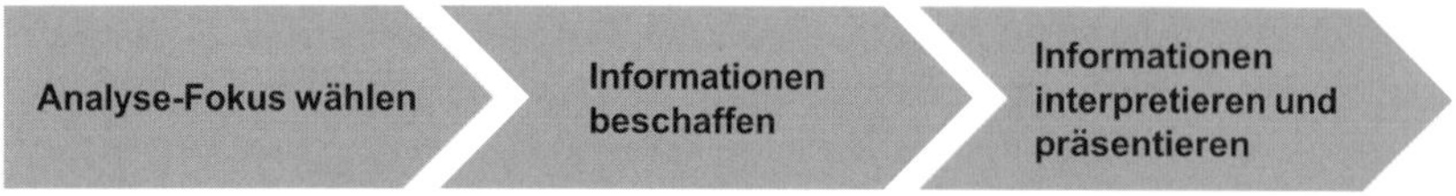

Abb. 4.2 Schritte im Analyse-Prozess

Tab. 4.1 Trends, Chancen und Gefahren

Umfeld-Bereiche	Trends mit hoher Eintrittswahrscheinlichkeit und großer Auswirkung auf die Organisation	Mögliche Trendbrüche mit großer Auswirkung auf die Organisation	Chancen für Organisation	Gefahren für Organisation
Faktor 1				
Faktor 2				
Faktor ...				
Faktor n				

- Welche Chancen und Gefahren verbergen sich für die Organisation dahinter?
- Zu welchen Szenarien lassen sich diese Trends verdichten? Was wären positive, neutrale und negative Varianten dieser Szenarien aus Sicht der Organisation?

Systematisch lassen sich Aussagen zu Trends beispielsweise anhand eines Formulars erarbeiten (vgl. Tab. 4.1).

Trends und die damit verbundenen Chancen und Gefahren werden zunächst getrennt voneinander betrachtet. Entscheidend ist jedoch, die Strategie an einer Gesamtsicht der zukünftigen Rahmen- und Wettbewerbsbedingungen auszurichten. Dazu werden die Trends zu einem Szenario, einem in sich kohärenten Gesamtbild einer möglichen Entwicklung der Umfeld-Bedingungen, verdichtet. Um der Spannweite möglicher Entwicklungen gerecht zu werden, werden normalerweise eine wahrscheinliche Variante („Grundszenario") sowie zwei extreme Varianten (optimistisches und pessimistisches Szenario) erarbeitet. Graphisch lässt sich das in Form eines Trichters darstellen (Abb. 4.3).

Die Szenarien sind qualitativ, das heißt verbal beschreibend, und möglichst auch quantitativ zu definieren, um die von dem Strategie-Team getroffenen Annahmen so eindeutig wie möglich auszudrücken. Weiter sollten sie einer „Sensitivitätsanalyse" unterzogen werden: Sie ermittelt, welche Entwicklungen dazu führen können, dass das Grundszenario in Richtung der Extremszenarien kippt. In der

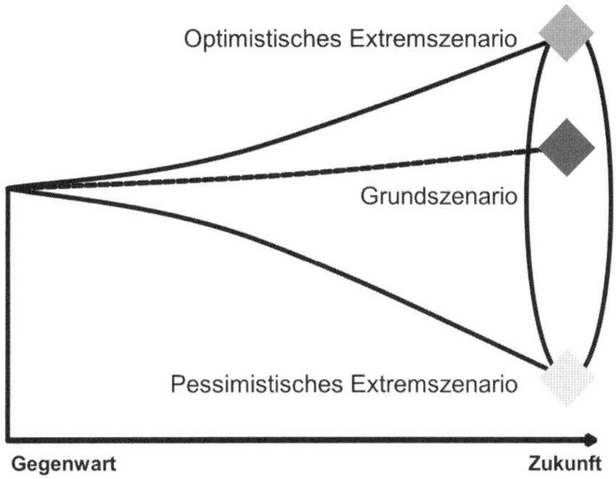

Abb. 4.3 Grundschema der Szenariotechnik

Praxis zeigt sich, dass es meistens wenige, oft branchenspezifische Größen sind, die den Ausschlag geben.

Strategien werden auf der Basis des Grundszenarios entwickelt. Die Extremszenarien dienen dazu, die Risiken abweichender Entwicklungen bewusst zu machen. So spielen die Szenarien in der späteren Strategie-Kontrolle und -Überprüfung (siehe Kap. 6) auch eine Rolle.

Einsatz von Szenarien – was steckt dahinter?

Mit der Szenario-Technik kann die Spanne möglicher, zukünftiger Entwicklungen verdeutlicht werden. Bei ihr ist Vielfalt eine klare Stärke: Je mehr Aspekte, je mehr Umfeld-Trends berücksichtigt und in gegenseitigen Bezug gesetzt werden, desto robuster werden die resultierenden Szenarien. Deshalb werden sie häufig durch Experten-Interviews und in Workshops, deren Teilnehmer unterschiedliche Hintergründe haben, erarbeitet. Zunächst wird die Fragestellung festgelegt. Dann werden Einflussfaktoren auf die Fragestellung identifiziert und im Hinblick auf ihre zukünftige Entwicklung vernetzt und durchgespielt. Manchmal geschieht dies rechnergestützt. Im Ergebnis stellen die Szenarien in sich konsistente Modell-Welten dar. Aus ihnen lassen sich begründet Hypothesen ableiten, mit denen die Belastbarkeit von Visionen, Strategien, Produkten und Serviceleistungen gegenüber Trendbrüchen oder sonstigen, vorher unvorhergesehenen Ereignissen herausgefordert werden kann.

Anfang der 70er Jahren wurde die Szenario-Technik zum ersten Mal von Shell zur Evaluation von Langzeit-Entscheidungen eingesetzt. Mittlerweile gebrauchen sie verschiedenste Organisationen. So basierte Unilever beispielsweise seine Marketingstrategie für Russland und Polen auf Szenarien. Electrolux entdeckte neue Märkte dank dem Einsatz dieser Technik. Siemens untersuchte mit Szenarien, wie es die Potenziale der Megatrends Urbanisierung, demographischer Wandel, Klimawandel und Globalisierung innovativ nutzen kann (vgl. [12]).

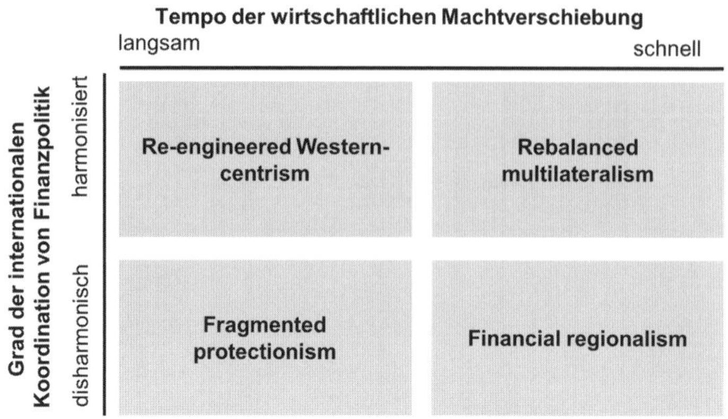

Abb. 4.4 Szenarien zur Zukunft des globalen Finanzsystems. (World Economic Forum 2010)

Das World Economic Forum (WEF) unterstützt mit der Szenario-Technik Wissensentwicklung, strategische Diskussionen und engere Zusammenarbeit zwischen unterschiedlichen Akteuren. Beispielsweise entwickelte das WEF von 2008 bis 2010 aus Anlass der globalen Finanzkrise mit über 250 Vertretern des Finanzsektors, politischen Entscheidungsträgern und Wissenschaftlern Szenarien zur Zukunft des globalen Finanzsystems. Die Szenarien basierten einerseits auf zwei kritischen Unsicherheiten: Die Geschwindigkeit der andauernden geo-ökonomischen Machtverschiebungen, und das Ausmaß an internationaler finanzpolitischer Koordinierung. Sie wurden als die Einflussfaktoren mit dem größten Einfluss und der größten Unsicherheit identifiziert. Dazu dienten Experteninterviews und eine Umfrage unter den Mitgliedern des WEF. Andererseits fundierten die Szenarien auf einer soliden Analyse von sozialen, politischen, ökonomischen, ökologischen und technologischen Einflussfaktoren, die das Handlungsumfeld prägen. Auf dieser Basis diskutierten und erschufen die Akteure in mehreren Workshops vier mögliche Szenarien, die sie – wie in Abb. 4.4 dargestellt – betitelten.

So gewannen die Teilnehmer gemeinsam ein tieferes Verständnis über die Kräfte und Interaktionen, die die Struktur und Funktionsweise des globalen Finanzsystems über das nächste Jahrzehnt fundamental verändern können. Damit trug der Prozess sowohl zur Debatte über Reformmöglichkeiten des Finanzsystems als auch zu individuellen Strategie-Entscheidungen der Beteiligten bei (vgl. [14]).

Diese Methode der Szenarien-Erstellung in Verbindung mit vernetztem Denken wird im WEF auch für die Analyse von globalen Risiken oder spezifische Situationen, etwa für ein systemisches Verständnis der Euro-Zonen-Ungleichgewichte angewendet (vgl. Abb. 4.5, Quelle: [15]).

Es ist zunächst zu klären, wie die Informationen möglichst effizient eingeholt werden können. Oft braucht es keine aufwändigen Methoden. Häufig reicht das Studium bestehender Dokumente aus wie etwa Geschäftsberichte, Werbeunterla-

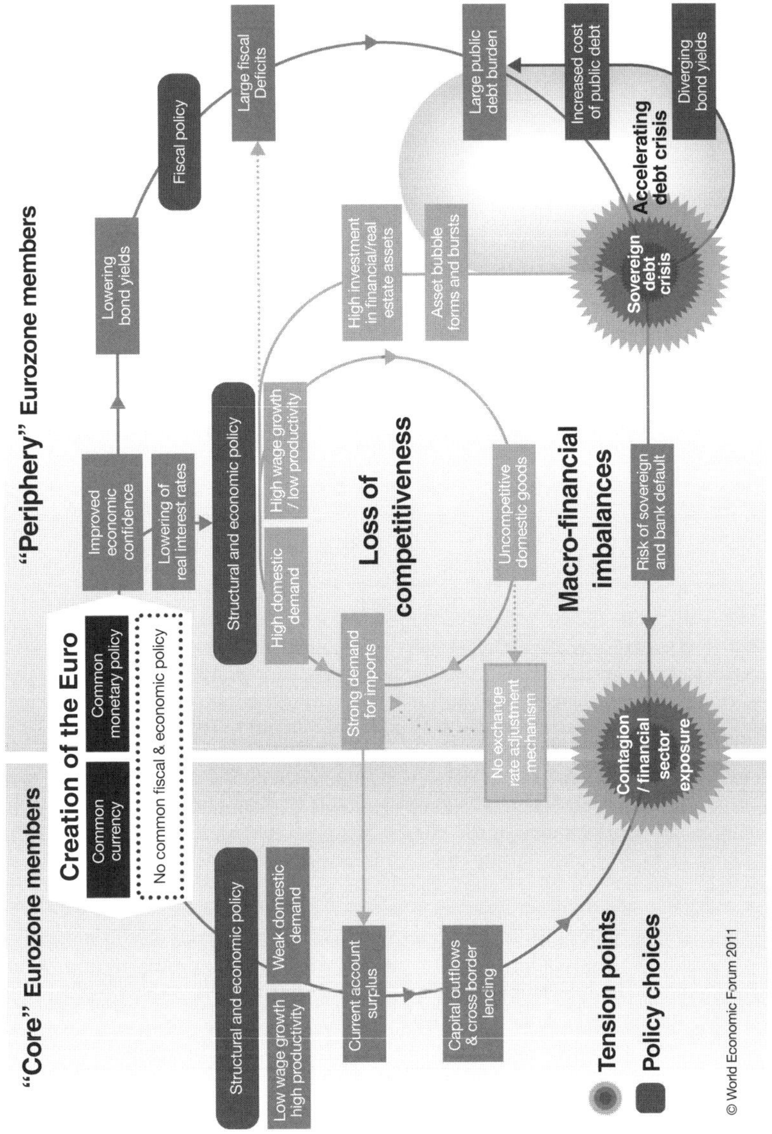

Abb. 4.5 Beispiel Euro-Zonen-Ungleichgewichte. (World Economic Forum 2012)

gen der Konkurrenten, Handelsregister-Auszüge oder Pressemitteilungen. Weitere effiziente Vorgehensweisen sind die Konsultation organisationseigener Datenbanken, eine Internetrecherche sowie persönliche oder telefonische Gespräche mit Personen, die über Fachwissen verfügen. Im eigenen Beziehungsnetz finden sich wahrscheinlich bereits einige Experten. Für die Gespräche mit ihnen kann die freie Form (d. h. Fragen sind nicht vorformuliert, der Interviewverlauf ergibt sich) oder eine halbstrukturierte Form genutzt werden. Bei letzterem wird ein vorher ein Interview-Leitfaden angefertigt. Er dient als Erinnerungsstütze, damit keine wichtigen Fragen vergessen werden, und verbessert die Vergleichbarkeit der Interviews.

Nicht immer lassen sich alle Fragen mit den dafür vorgesehenen Ressourcen und Mitteln ausreichend beantworten oder Annahmen fundiert belegen. Dann ist es am Team zu definieren, was noch mit welchen Methoden zu recherchieren ist. Es sollte dabei das Pareto-Prinzip beachten, das auf Erfahrung gründet: Mit etwa 20 % Analyseaufwand lassen sich etwa 80 % der Ergebnisse erreichen. Ein gemäßigter Aufwand führt also trotzdem in den meisten Fällen zu den wesentlichen Erkenntnissen. Es ist außerdem nicht alles wissenswert. Zu viele Informationen führen dazu, Wichtiges zu übersehen. Deshalb empfiehlt es sich, nur bei akutem Informationsbedarf Themen zu vertiefen. Werden Lücken später relevant, können sie dann noch geschlossen werden.

Falls weitere Informationen beschafft werden sollen, kommen beispielsweise folgende Methoden, die etwas zeit- und ressourcenintensiver sind, in Betracht (vgl. [2]):

- *Gruppendiskussionen* gestatten es, recht schnell ein breites Spektrum von Meinungen, Ansichten und Ideen zu ermitteln. Sie sind auch geeignet zur Erforschung heikler Themen. Der Einzelne äußert sich, weil er sich mit seinen Gedanken nicht alleine fühlt
- Für eine *Mehrthemenbefragung* („*Omnibus*") sammelt ein Marktforschungsinstitut die Ressourcen und Fragen mehrerer Auftraggeber. Ein solcher Omnibus stellt eine kostengünstige Methode dar, bei der die Ergebnisse relativ rasch vorliegen
- Ein *Panel* bezeichnet die mehrmalige Befragung einer identischen Stichprobe zum gleichen Thema. Damit lassen sich Veränderungen im Zeitverlauf nachvollziehen
- Im *Laborexperiment* werden Daten auf der Basis einer vollständig kontrollierten Versuchsanordnung gewonnen mit dem Ziel, Ursache-Wirkungszusammenhänge aufzudecken. Es eignet sich beispielsweise für Tests von Produkten oder Werbekonzepten

- Beim *Feldexperiment* werden ebenfalls Ursache-Wirkungsketten identifiziert, jedoch in der natürlichen Umgebung der Versuchspersonen: Die Kontrolle über die Situation ist beschränkt, aber die Ergebnisse lassen sich besser auf die Lebenswirklichkeit übertragen
- Unabhängig davon, wie die Probanden bereit sind Auskunft zu geben, können *Beobachtungen* Informationen liefern. Sie können unterschiedlich ausgestaltet sein. So kann zum Beispiel der Proband wissen, dass er beobachtet wird, ohne den Zweck der Beobachtung oder seine Aufgabe zu kennen

Lassen sich trotzdem zu wenig substanzielle Informationen generieren, bieten sich systematische Markt- und Konkurrenzstudien an. Marktstudien konzentrieren sich auf relevante Zustände und Entwicklungen im Markt- und Branchenumfeld. Konkurrenzstudien hingegen fokussieren auf die unmittelbaren Mitbewerber. Das Vorgehen ist bei beiden ähnlich:

1. *Zieldefinition der Studie:* Das Ziel der Studie wird festgelegt, präzise Leitfragen konkretisieren es
2. *Festlegung des Untersuchungsdesigns:* Die Forschungsmethodik und die Erhebungsinstrumente, mit denen die Fragen beantwortet werden sollen, werden bestimmt
3. *Daten- und Informationssammlung und Analyse:* Daten und Informationen werden erhoben und hinsichtlich der Fragen ausgewertet
4. *Berichtserstellung:* Die wesentlichen Ergebnissen, die daraus resultierenden Schlussfolgerungen sowie klare Handlungsempfehlungen werden in Form eines Berichtes präsentiert

Solche Studien können aufwändig und anspruchsvoll werden. Marktforschungsinstitute oder Projektteams von Hochschulen bieten häufig Unterstützung an.

Das Strategie-Team interpretiert die erhobenen Daten und Informationen gemäß den eingangs gestellten Leitfragen und bereitet die Ergebnisse kompakt, aussagekräftig und visuell ansprechend auf. Einerseits schärft dies das Verständnis aller Beteiligten. Andererseits sind die Ergebnisse so besser gegenüber verschiedenen Anspruchsgruppen kommunizierbar.

Insbesondere zur graphischen Aufbereitung finden sich in der Strategie-Literatur verschiedene Instrumente, die der raschen Erfassung von Kernaussagen und komplexen Zusammenhängen dienen. Eine prominente graphische Strukturierung für eine Branchen-Analyse ist das Fünf-Kräfte-Modell von Porter (vgl. [8]). Es trägt systematisch die wichtigsten strukturellen Merkmale einer Branche entlang der fünf Kräfte „Lieferanten", „Abnehmer bzw. Käufer", „Wettbewerber",

Abb. 4.6 Branchen-Analyse eines Fachverlags mit dem Fünf-Kräfte-Modell

„Potenzielle neue Mitbewerber" und „Ersatzprodukte/-dienste" zusammen. Je stärker die Bedrohung durch diese fünf Kräfte ist, desto unattraktiver ist die betrachtete Branche und desto schwieriger ist es, einen nachhaltigen Wettbewerbsvorteil zu erzielen.

Beispielhaft ist eine solche Analyse für einen Fachverlag, der Lehr- und Fachbücher für den Schweizer Markt produziert, in Abb. 4.6 dargestellt. Sie entstand durch eine systematische Desk Research, eine Online-Befragung von Mitbewerbern sowie persönliche Gespräche mit Lieferanten, Kunden und Experten.

Das Fünf-Kräfte-Modell ist auf Organisationen zugeschnitten, die profitorientiert sind und sich in Konkurrenz zu anderen sehen. Es zeigt eine Momentaufnahme und ist deshalb für dynamische Branchen, die zudem in enger Wechselbeziehung mit anderen Branchen stehen (zum Beispiel Computer-Hardware und -Software-Branchen) nur bedingt geeignet. Auch berücksichtigt es nicht den Umstand, dass Marktteilnehmer mitunter kooperieren. Trotz dieser Einschränkungen kann die Struktur des Fünf-Kräfte-Modells ebenfalls Organisationen ohne Gewinnabsichten in ihrer Umfeld-Analyse inspirieren.

Andere Instrumente wie etwa die Matrix von Boston Consulting Group, die das Marktwachstum und den eigenen, relativen Marktanteil je Produkt beziehungsweise Geschäftsbereich zur Strategiefindung gegenüberstellt oder die McKinsey-Matrix, die aus der Marktattraktivität versus Wettbewerbsstärke strate-

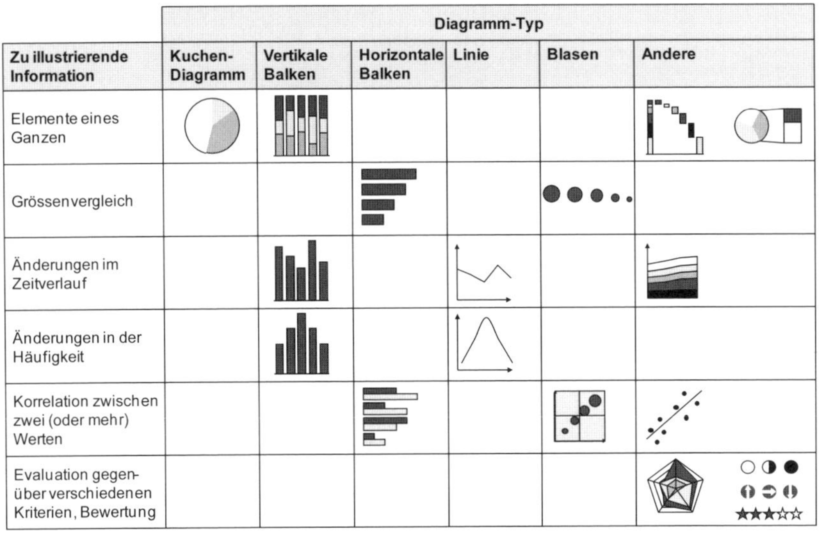

Abb. 4.7 Auswahl des geeigneten Diagramm-Typs (Beispiele)

gische Schlussfolgerungen zieht, kombinieren bereits Umfeld- und Organisations-Analyse.

Ob solche Instrumente auf eine spezifische Situation angewendet werden können, richtet sich nach den jeweiligen Leitfragen. Das Strategie-Team ist frei, auch selbst graphische Darstellungen zu kreieren oder aus den Vorlagen der gängigen Software-Programme geeignete auszuwählen. Denn so visuell verdichtete Informationen lassen sich einfacher verstehen. Die Auswahl geeigneter Diagramme unterstützt Abb. 4.7. Wird die Präsentation auch für Dokumentationszwecke genutzt, kommentiert ein präzis und prägnant formulierter Text die Kernaussagen der Darstellung.

Der erwähnte Fachverlag erkannte zu Beginn seiner Strategie-Entwicklung, dass sich mittlerweile Trends im Bereich Neue Medien (Internet-Technologien) auch auf den Lehrmittelmarkt auswirken. Weil im Verlag jedoch dazu nur bedingt Wissen vorhanden war, wurden mehrere halbstrukturierte Interviews arrangiert. Die Struktur gaben einige Leitfragen, entlang denen das Gespräch vertieft wurde:

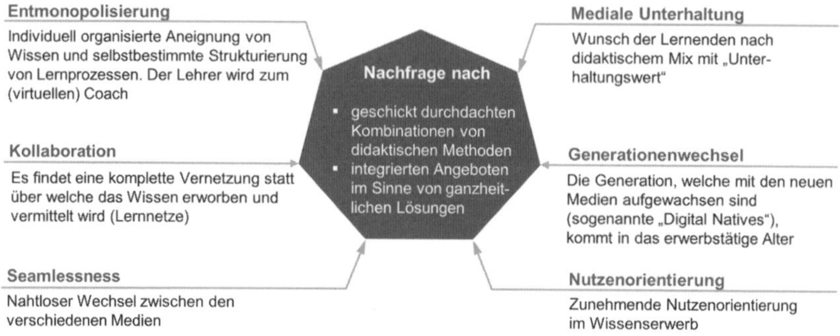

Abb. 4.8 Relevante Trends in den Neuen Medien mit Einfluss auf die Nachfrage für den Fachverlag

Leitfragen: Zukünftiges Lernverhalten und Anforderungen an Lernmedien

- Wie schätzen Sie den zukünftigen Stellenwert des klassischen Buches in der kaufmännischen, betriebswirtschaftlichen Bildung ein?
- Wie stark wird in Zukunft Lernen und Lehren über digitale Medien laufen?
- Welche neuen Medien werden im Unterricht Einzug halten?
- Welche Kriterien müssen durch die digitalen Medien erfüllt sein?
- Welche didaktischen Konzepte setzen sich in Zukunft durch?
- Wie stark muss in Zukunft zwischen Lernenden- und Lehrerversion unterschieden werden?
- In welcher Form werden sich Veränderungen vollziehen? Geschwindigkeit? Zeitpunkte?
- Welche Kostenfolgen sind zu erwarten? Zahlungsbereitschaft? Verrechenbarkeit?

Als Experten wurden unter anderem ein New Media-Verantwortlicher eines großen Verlagshauses für Printmedien und ein Vertreter einer innovativen Ausbildungsinstitution, die mittlerweile eine selbst aufgebaute Lernplattform erfolgreich im Lernprozess einsetzt, interviewt.

Als Quintessenz aus diesen Gesprächen und des begleitenden Desk Research verstand der Fachverlag besonders einige Neue Medien als verändernde Kräfte bei seinen Lehrmitteln: iPhone-Apps als Ersatz für herkömmliche Lernkarteien, als Lernjournale strukturierte Blogs, interaktive Online-Lernplattformen sowie im Internet verfügbare Bücher – entweder als E-Books oder im PDF-Format. Mit der didaktischen Vielfalt der Neuen Medien verknüpft sind verschiedene Umfeldtrends, die einen Einfluss auf den Fachverlag haben (vgl. Abb. 4.8).

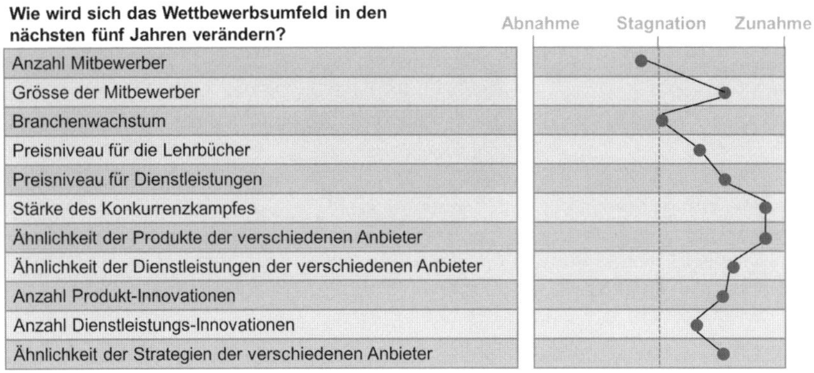

Abb. 4.9 Konkurrenzanalyse des Fachverlags

Weil der Fachverlag die zukünftige Wettbewerbsentwicklung als bedeutsam einschätzte, untersuchte er sie nachfolgend in seiner Branchen-Analyse tiefergehend – wie in Abb. 4.9 dargestellt.

Die Konkurrenzanalyse zeigt, dass der Fachverlag mit einer Konzentrationsbewegung in den nächsten fünf Jahren rechnet: Die Anzahl der Mitbewerber nimmt tendenziell ab, die Größe der Mitbewerber hingegen zu. Das Branchenwachstum stagniert, der Konkurrenzkampf verstärkt sich. Hinein spielt, dass die Produkte und Dienstleistungen sowie die Strategien der verschiedenen Anbieter zunehmend ähnlicher werden. Denn die Produkt- und Dienstleistungs-Innovationen werden mehr, steigen jedoch nicht im selben Mass. Diese Analyse bestärkte den Fachverlag in seinem Vorhaben, den eigenen Strategie-Prozess voran zu treiben, um sich besser im Wettbewerb aufzustellen.

Das Schweizer Center for Young Professionals in Banking (CYP) ist das Ausbildungs- und Kompetenzzentrum für die bankfachliche Grundbildung. Die Umfeld-Analyse (vgl. Abb. 4.10) zeigt, dass mehrere Faktoren, die zum Teil bereits heute wirken, die Anmeldezahlen für die Ausbildung negativ beeinflussen können: Angesichts sinkender Geburtenraten stehen dem allgemeinen Lehrangebot weniger Jugendliche gegenüber. Zudem entscheiden sich Jugendliche immer häufiger für eine gymnasiale Ausbildung anstelle einer dualen Grundausbildung. Hinzu kommt, dass die Banken ihre Anforderungsprofile verändern. Stellt sich das CYP nicht darauf ein, werden Banken weniger oft auf ihre Grundbildung zurückgreifen. Ferner bevorzugen Banken zunehmend Bewerber mit gymnasialem Maturitätsabschluss aufgrund ihres Ausbildungsniveaus. Dies ist zum Nachteil von Bewerbern für eine duale Grundbildung.

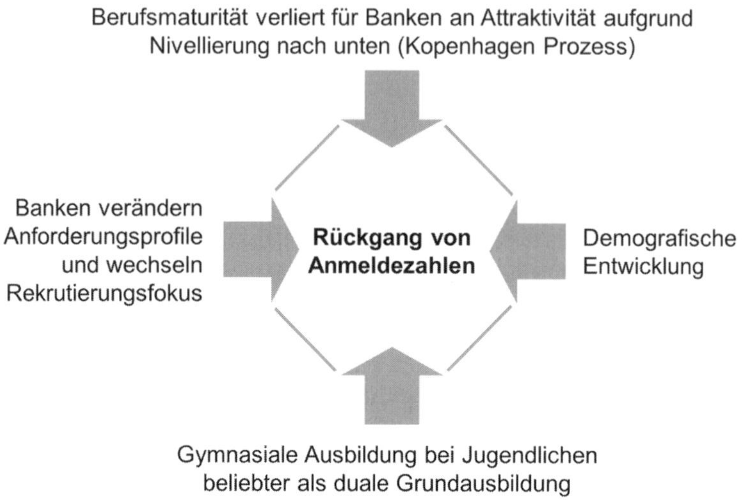

Abb. 4.10 Relevante Umfeldtrends für das CYP

Abb. 4.11 Identifizierte Marktpotenziale für das CYP

Aus der Umfeld-Analyse lassen sich Chancen für das CYP hinsichtlich eines neuen oder verstärkten Produktangebotes ableiten (vgl. Abb. 4.11). So wächst der Bedarf nach persönlichem Coaching in der Aus- und Weiterbildung. Der regulatorische Rahmen verstärkt die Attraktivität einer kaufmännischen Grundausbildung vor allem für kleinere Banken. Eine ähnliche Wirkungsrichtung haben Zertifizierungen. Durch zunehmende Arbeitsteilung im Bankensektor entstehen neue Berufsbilder, die das CYP mitgestalten kann. Die Branche bedarf mehr als früher einer Vermittlung von Kompetenzen außerhalb der betrieblichen Praxis. Das CYP selbst kann seine Qualität weiter steigern, indem es angesichts der verschiedenen Qualifikationen der Bewerber stärker zwischen ihnen auswählt. Zudem kann es nicht nur Jugendliche, sondern auch Erwachsene berücksichtigen, für die die Attraktivität einer bankfachlichen Grundausbildung weiterhin hoch ist. Ähnlich kann es sich neue Interessentengruppen – etwa Studierende oder Maturanden – mit neuen Angeboten erschließen.

4.1.2 Durchführung der Organisations-Analyse

Das Strategie-Team analysiert die interne Situation auf Basis des Netzwerks. Das Vorgehen ähnelt dem bei der Umfeld-Analyse: Das Team selektiert zunächst die wichtigsten lenkbaren Faktoren, also vor allem die aktiven und die kritischen Größen. Falls nötig, erhöht es dafür den Auflösungsgrad im Netzwerk. Dann analysiert es, welche wesentlichen Stärken und Schwächen die eigene Organisation in diesen Faktoren aufweist. Auch hier können konkretere Leitfragen helfen, die Analyse zu fokussieren.

Wo es sinnvoll ist – und das ist vor allem bei Produkten und Leistungen der Fall –, werden die Faktoren in Vergleich zum Wettbewerb untersucht, so etwa zum unmittelbaren Konkurrenten oder dem Branchenprimus. Entsprechend ist zunächst zu bestimmen, wen die Organisation für welche Bereiche als ihre wichtigsten Wettbewerber ansieht. Dann wird die Kundensicht entweder nachgefragt oder antizipiert: Wie nehmen sie die Angebote der verschiedenen Organisationen (gegebenenfalls in Bezug auf verschiedene Merkmale) wahr? Wie wichtig sind ihnen diese Leistungen beziehungsweise Leistungsmerkmale? Der Einbezug der Kundenperspektive ist wesentlich. Denn auf dem Markt zählen nur die vom Kunden subjektiv wahrgenommenen Unterschiede zwischen den Angeboten verschiedener Anbieter. Alternativ zu einer separaten Kundenumfrage kann sie in andere, sowieso geplante Kunden-Befragungen integriert werden.

Ähnliches gilt für Funktionen: Internen Leistungsanbietern ist anzuraten, sich in die Lage ihrer internen Kunden zu versetzen oder sie selbst zu befragen. Denn der Wettbewerb spielt hier ebenfalls eine Rolle, jedenfalls sofern die Dienstleistungen mittels Outsourcing auch auf dem freien Markt beschafft werden können.

Die aggregierten Antworten werden auf einer so genannten Wettbewerbsvorteilsmatrix eingetragen (vgl. Abb. 4.12). So lassen sich in Bezug auf die Leistun-

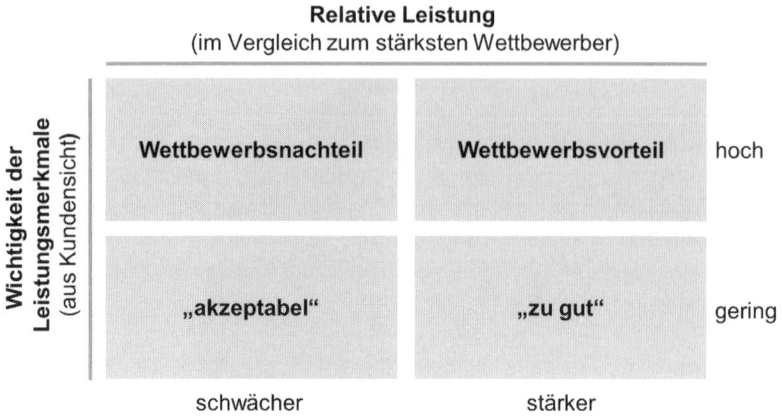

Abb. 4.12 Wettbewerbsvorteilsmatrix

gen beziehungsweise Leistungsmerkmale die eigene Wettbewerbsposition besser bestimmen und Handlungsoptionen ableiten: Die im oberen Quadranten „Wettbewerbsvorteil" gruppierten Elemente sollte eine Organisation im Rahmen ihrer Strategie aktiv nutzen und weiter entwickeln. Die beiden unteren Felder der Matrix enthalten Leistungen und Leistungsmerkmale, die Kunden als weniger wichtig ansehen. Übertrifft eine Organisation darin ihre nächsten Wettbewerber bei Weitem, sollte sie dort Ressourcen abbauen und in andere Bereiche investieren. Leistungen und Leistungsmerkmale, in denen Wettbewerber überlegen sind, die jedoch Kunden als wenig relevant einstufen, sollte die Organisation beobachten. Unter dem Gesichtspunkt eines optimalen Ressourceneinsatzes empfiehlt sich hier eine eher defensive Strategie: Denn worauf die Kunden wenig Wert legen, darin lassen sich keine wesentlichen Wettbewerbsvorteile erzielen. Hingegen in den Leistungen und Leistungsmerkmalen, welche die Kunden als wichtig erachten und in denen die stärksten Mitbewerber der Organisation überlegen sind, sollte die Organisation im Rahmen ihrer Strategie bewusst versuchen, Kompetenzen aufzubauen.

Nachdem die Faktoren bestimmt und die Leitfragen gestellt sind, holt das Strategie-Team die nötigen Informationen ein. Analog zur Umfeld-Analyse gilt es, Grenzen zu setzen, um eine Informationsüberflutung zu vermeiden. Ebenfalls wählt es die Methoden zur Informationsbeschaffung nach Effektivitäts- und Effizienz-Aspekten aus.

Je nach Fragestellung hält die Literatur verschiedene Strukturierungshilfen bereit: So etwa unterstützt der Wertketten-Ansatz von Porter die systematische Analyse, wo Wettbewerbsvorteile in der eigenen Organisation entstehen oder Potenzial dafür vorhanden ist. Zweidimensionale Matrizen helfen, verschiedene Betrach-

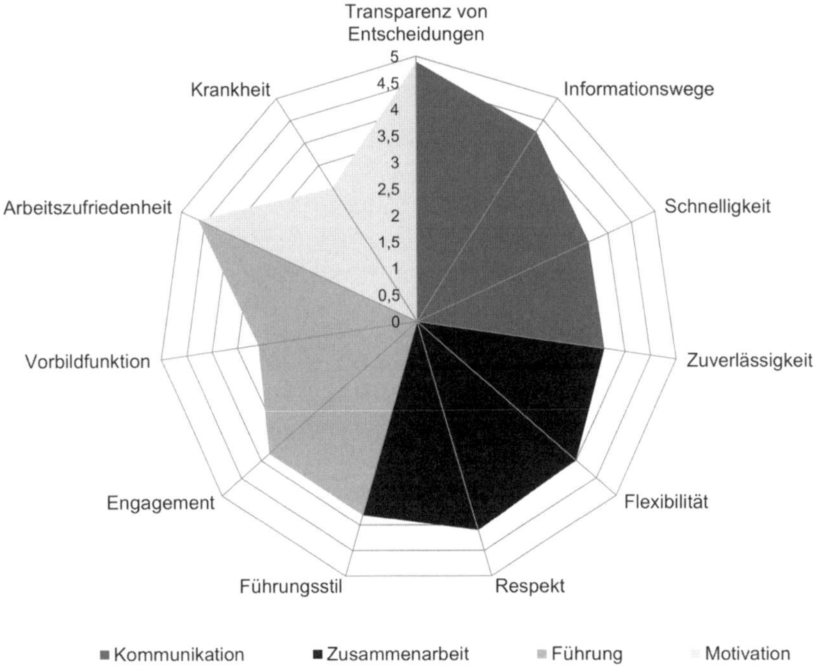

Abb. 4.13 Beispiel eines Kultur-Radars (vereinfachte Darstellung)

tungsobjekte visuell und schnell verständlich miteinander in Beziehung zu setzen, sofern die Achsenbezeichnungen an die jeweilige Situation angepasst werden: Beispielsweise kann im Personalbereich mittels eines Humanressourcen-Portfolio das gegenwärtige Leistungsverhalten dem Leistungs- und Entwicklungspotenzial gegenüber gestellt werden. Andere bekannte Portfolio-Darstellungen sind die BCG-Matrix und die McKinsey-Matrix (siehe Abschn. 4.2.1). Für die Analyse von Ressourcen und Fähigkeiten werden häufig Checklisten genutzt.

Die Informationen wertet das Strategie-Team entlang der Leitfragen aus. Die Analyse-Ergebnisse bereitet es anschließend rasch erfassbar und aussagekräftig für die Präsentation und Dokumentation auf. Verschiedene Analyse-Instrumente verfügen bereits über anschauliche Graphik-Vorlagen. Umfrageergebnisse unter Mitarbeitenden zur Organisationskultur können zum Beispiel in einer Art Spinnennetz – auch als Kultur-Radar bezeichnet – verdeutlicht werden:

Abbildung 4.13 veranschaulicht die durchschnittlichen Ist-Werte in den abgefragten Kultur-Dimensionen „Kommunikation", „Zusammenarbeit", „Führung" und „Einstellungen der Mitarbeitenden" mit ihren jeweiligen Unterkategorien. Dort, wo sich die Dimensionen berühren, ist die Unterkategorie an der Schnittstelle im Uhrzeigersinn der jeweils nächsten Dimension zuzuordnen. Dieses Beispiel für einen Kultur-Radar zeigt eine Organisation mit wenigen Schwächen und vielen Stärken. So ist in der Dimension „Einstellungen der Mitarbeitenden" klar erkennbar, dass die Belegschaft motiviert ist: Ihre Arbeitszufriedenheit ist hoch, die Fehlzeiten niedrig. Gleichfalls scheint die Belegschaft eher intrinsisch motiviert zu sein. Denn der Führung wird ein relativ guter Führungsstil und Engagement nachgesagt, aber ausgerechnet in der Unterdimension „Vorbildfunktion" bescheinigt die Belegschaft ihren Führungskräften weniger Leadership. Detaillierte Kenntnisse über die Gegebenheiten einer Organisation erhöhen die Treffsicherheit, mit der ein Kultur-Radar interpretiert wird. Eine Kostenverteilung lässt sich wiederum als „Waterfall-Chart" darstellen (vgl. Abb. 4.14). Sie illustriert für den untersuchten Industriebetrieb, dass Abschreibungen, gefolgt von Beschaffung von Energie und dem Personalaufwand die größten Kostenblöcke ausmachen.

Die Sanitized AG stellte zum Beispiel ihre heutigen Marketing- und Vertriebskosten versus der strategisch anvisierten Kostenverteilung aussagekräftig dar (vgl. Abb. 4.15). Als führendes Schweizer Unternehmen im antimikrobiellen Hygiene- und Materialschutz beschäftigt es rund 50 Mitarbeitende. Für alle Arten von Textilien und Kunststoffen entwickelt, produziert und liefert das Unternehmen gebrauchsfertige antimikrobielle Zusätze. Die Geschäftskunden sind weltweit verteilt. Um Markt-, Vertriebs- und Logistikvorteile auszuschöpfen, arbeitet Sanitized AG eng mit einer anderen Firma als Vertriebspartner zusammen. Es hat jedoch keinen direkten Einfluss auf die Steuerung der strategischen und operativen Prozesse des Partners. Es kann die Leistungen allein über den bestehenden Vertrag und die intensive Pflege persönlicher Beziehungen beeinflussen. Deshalb entschied Sanitized AG aufgrund der Kostenanalyse, die Vertriebskosten etwas umzuverteilen und das Marketing-Budget daran anzupassen.

Zudem war Sanitized AG bestrebt, die Marketing- und Vertriebskosten an die voraussichtliche Nachfrage in den verschiedenen Geschäftsfeldern anzugleichen. Abbildung 4.16 demonstriert die angestrebte Umschichtung der Vertriebskosten innerhalb des Geschäftsfeldes Polymer. Die unterschiedlich schraffierten Felder stehen jeweils für eine Produktgruppe. Die Zahlen sind Prozente, das Total beträgt 100 %.

Insgesamt ist eine Organisations-Analyse von doppeltem Nutzen, wenn das Strategie-Team sie nicht nur für die Strategie-Entwicklung gebraucht, sondern

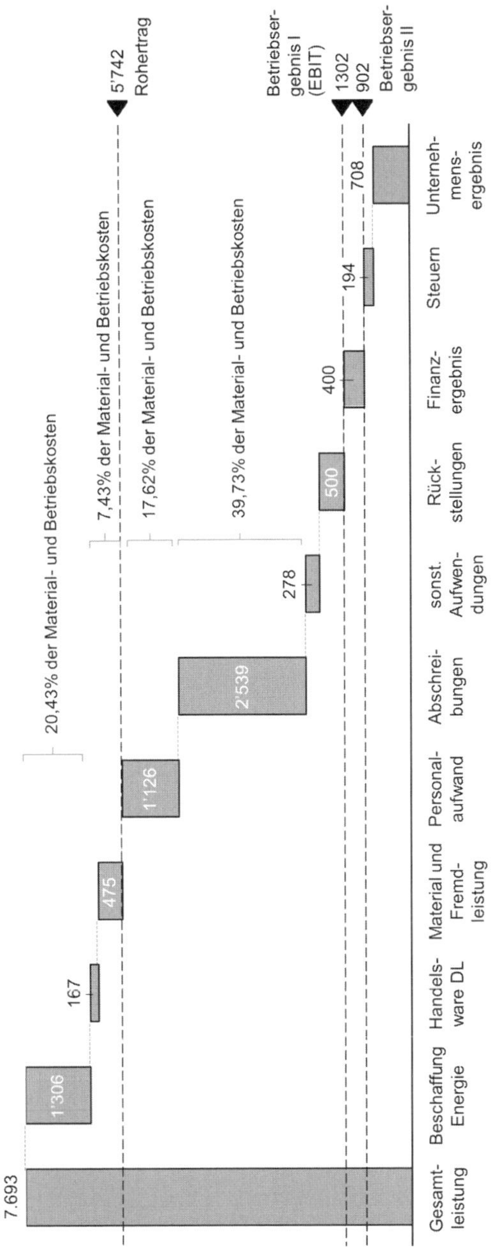

Abb. 4.14 „Waterfall-Chart“: Kostenverteilung in einem Industriebetrieb

auch schon jetzt angesichts des identifizierten Handlungsbedarfs erste operative Maßnahmen einleitet. Denn damit wird erstens frühzeitig ein erstes Ergebnis aus dem Strategie-Prozess sichtbar und spürbar. Zweitens es ist grundsätzlich empfehlenswert, die betriebswirtschaftlichen Defizite beizeiten zu beheben, die ansonsten die spätere Strategie-Umsetzung be- oder verhindern könnten.

4.1.3 Zusammenführung der Ergebnisse

Die Ergebnisse der Analysen liegen vor. Nun sind aus dieser Fülle die zentralen Erkenntnisse für die Strategie-Entwicklung heraus zu kristallisieren. Dazu setzt das Strategie-Team zuerst das SWOT-Raster und danach die SWOT-Analyse ein. SWOT ist das englische Akronym für interne Stärken (strengths), Schwächen (weaknesses) und externe Chancen (opportunities) und Gefahren (threats).

Im SWOT-Raster erfasst das Strategie-Team zunächst die wichtigsten Ergebnisse der Umfeld-Analyse, aufgeteilt in Chancen und Gefahren. Leitend sind folgende Fragen:

- *Chancen:* Auf Basis welcher Chancen kann sich die Organisation Wettbewerbsvorteile verschaffen?
- *Gefahren:* Welche Gefahren bedrohen die Aktivitäten der Organisation?

Danach identifiziert es die Stärken und Schwächen der Organisation relativ zum stärksten Mitbewerber. Eine Organisation ist in einem Aspekt (zum Beispiel Effizienz, Marktpräsenz, Lieferanten) also erst dann als stark zu bewerten, wenn sie darin besser abschneidet als ihr stärkster Mitbewerber. Die relativen Schwächen werden ebenso in Bezug zum stärksten Rivalen bestimmt. Bei öffentlichen Verwaltungen und bei Funktionen bietet es sich an, eigene Stärken und Schwächen in verschiedenen Aspekten mit ähnlichen Leistungsträgern zu vergleichen.

- *Relative Stärke:* Wo verfügt die Organisation gegenüber ihren Mitbewerbern über Vorteile?
- *Relative Schwächen:* Wo ist die Organisation gegenüber ihren Mitbewerbern im Nachteil?

Die erkannten Chancen und Gefahren fließen in das SWOT-Raster (vgl. Tab. 4.2) ein, wie das Beispiel eines Schweizer Auto-Händlers zeigt.

Das SWOT-Raster ist noch keine SWOT-Analyse. Die SWOT-Analyse ergibt sich aus der gezielten Suche nach den nachfolgenden Kombinationen. Zu beachten

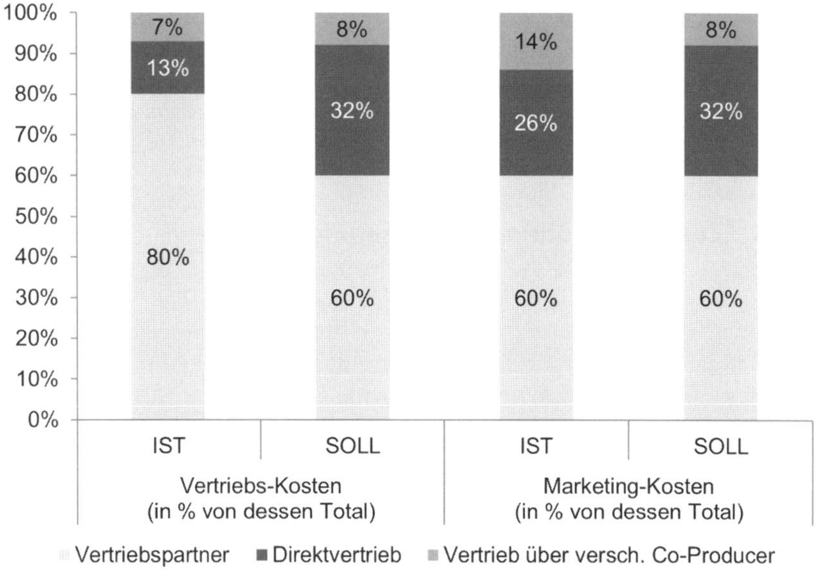

Abb. 4.15 Vertriebs- und Marketingkosten (Ist und Soll)

Abb. 4.16 Vertriebskosten für ein Geschäftsfeld (Ist und Soll)

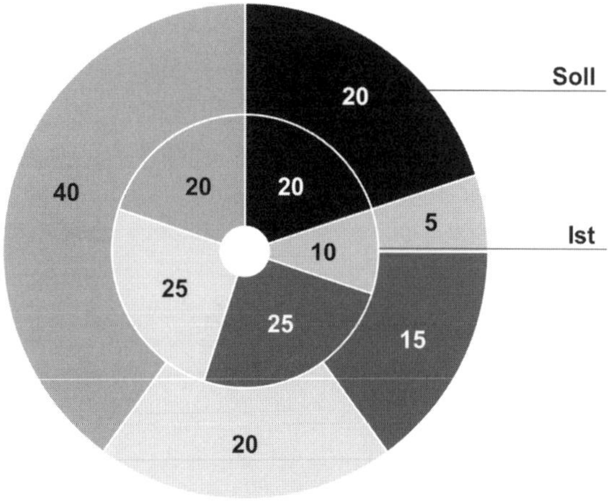

Tab. 4.2 SWOT-Raster eines Schweizer Auto-Händlers

Umfeld-Analyse	
Chancen	*Gefahren*
Klare Differenzierung von der Konkurrenz: Individuelle Kundenbetreuung auf hohem Qualitätsniveau, die die Kundenerwartungen übertrifft	Wettbewerb wird über intensive Preispolitik und Marketingaktivitäten gesteuert
Aufbau von Marktanteilen durch intensive Kundenbindung	Mehraufwand in der Kundenbetreuung führt wegen steigender Preissensitivität und Kundenansprüche nicht zum Mehrerlös
Kooperation eingehen für Aufbau eines Gebrauchtwagen-Zentrums	Zunehmender Umsatzdruck des Auto-Herstellers schränkt langfristige Unternehmensentwicklung ein
Vom Autohersteller die Ideen, Ansätze und Instrumente zur Geschäftsentwicklung nutzen	
Organisations-Analyse	
Relative Stärken	*Relative Schwächen*
Enthusiastisches Betriebsklima	Customer Relationship Management
Gute Mitarbeiter	Schnittstelle Verkauf und Aftersales
Unternehmergeist	Produktivität in der Werkstatt
Top-Produkte und Infrastruktur („Alles aus einer Hand“)	Strukturelle und personelle Kapazitätsengpässe
Klares Image (familiär, freundlich, kundennah)	Strukturelle Robustheit (vor allem hinsichtlich Führungskonzept und -team, Kommunikation, Delegation, Wahrnehmung von Eigenverantwortung)
Große Nähe zum Kunden	Hohe Kapitalbindung
Hohe Kundenloyalität	

ist, dass es für die SWOT-Analyse fundierte Fach- und Branchenkenntnisse bedarf. Denn nur wenn das Strategie-Team in der Lage ist, Zusammenhänge und Lücken zu erkennen und Schlussfolgerungen zu ziehen, ergeben sich sinnvolle Ergebnisse.

- *Stärke/Chancen-Kombination (Strengths-Opportunities; SO)*: Wie können Stärken eingesetzt werden, so dass sich die Chancenrealisierung erhöht?
- *Stärke/Gefahren-Kombination (Strengths-Threats; ST)*: Wie können welche Stärken eingesetzt werden, um den Eintritt bestimmter Gefahren abzuwenden?

- *Schwäche/Chancen-Kombination* (*Weaknesses-Opportunities; WO*): Wo können aus Schwächen Chancen entstehen? Wie können Schwächen zu Stärken entwickelt werden?
- *Schwäche/Gefahren-Kombination* (*Weaknesses-Threats; WT*): Welche Schwachstellen sind zu verbessern, um Gefahren trotzen oder sie vermeiden zu können? Wie kann sich die Organisation vor Schäden schützen?

Die SWOT-Analyse führt zu vier Strategie-Typen:

- *SO Strategie:* Vorhandene Stärken werden zur Realisierung von Chancen genutzt (Idealfall)
- *ST Strategie:* Vorhandene Stärken werden genutzt, um Gefahren zu reduzieren oder zu umgehen
- *WO Strategie:* Bestehende Schwächen werden abgebaut und fehlende Stärken aufgebaut, um Chancen zu nutzen
- *WT Strategie:* Bestehende Schwächen werden abgebaut, um Gefahren zu vermeiden. Eine Defensivstrategie wird entwickelt, um vorhandene Schwächen nicht zum Ziel von Bedrohungen werden zu lassen.

Diese vier Strategie-Typen spiegeln die Grundsätze wider, dass wirksame Strategien stets auf aktuellen Stärken aufbauen und versuchen sollten, Chancen, die sich im Umfeld bieten, aktiv zu nutzen. Schwächen sollten ausgeglichen und Gefahren so weit wie möglich abgewehrt werden. Damit liefert die SWOT-Analyse die Basis für die Entwicklung der Strategie.

So leitet der Schweizer Auto-Händler folgende Strategien aus seinem SWOT-Raster ab (siehe Abb. 4.17):

Kurzcheck Umfeld- und Organisations-Analyse

- Was sind die wichtigsten Fragen, die Sie in Bezug auf das Umfeld Ihrer Organisation klären müssen?
- Was sind die wichtigsten Fragen für Ihre Organisations-Analyse?
- Sind die Analyse-Ergebnisse rasch erfassbar und aussagekräftig dargestellt?
- Sind Vision und SEP aufgrund der Erkenntnisse aus der Umfeld- und Organisations-Analyse anzupassen?
- Wo sollten Sie aufgrund der Analyse-Resultate bereits jetzt Sofort-Maßnahmen einleiten?

		Organisations-Analyse (Relation zum Wettbewerb)	
		Relative Stärken (Strengths)	**Relative Schwächen (Weaknesses)**
Umfeld- Analyse (Trends)	Chancen (Opportunities)	**SO-Strategien:** ▪ Klare Differenzierung von der Konkurrenz durch individuelle, qualitativ hochstehende Kundenbetreuung ▪ Gewinnung von Marktanteilen durch intensive Kundenbindung	**WO-Strategien:** ▪ Aufbau eines Gebrauchtwagen-Zentrums durch Kooperation mit anderen Händlern ▪ Customer Relationship Management verankern, um Unternehmenspositionierung voranzutreiben ▪ Strukturelle und personelle Kapazitätsengpässe überwinden als Basis für zukünftiges Wachstum
	Gefahren (Threats)	**ST-Strategien:** ▪ Kompensation der agressiven Preispolitik der Mitbewerber über Positionierung als Qualitäts-Dienstleister auf der Basis enger Kunden-Beziehungen ▪ Investition in eine nachhaltige Unternehmensentwicklung, um zukünftige kurzfristige Volatilitäten des Marktes abzufedern	**WT-Strategien:** ▪ Interne Prozesse verbessern, um im dynamischen Wettbewerb fit zu sein

Abb. 4.17 SWOT-Analyse eines Schweizer Auto-Händlers

4.2 Die Strategie

Das Ziel dieses Unterkapitels ist die Entwicklung der Strategie. Sie kann sich auf Vorarbeiten stützen – allen voran auf den Entwurf der Vision, das Strategie-Konzept sowie die SWOT-Analyse.

Wie bereits angedeutet, stehen bei der Strategie-Entwicklung je nach Organisation und Geltungsbereich andere Fragen im Vordergrund. Allerdings gewinnen alle Strategien an Qualität, wenn sie sich nicht einseitig orientieren, sondern auf mehrere Dimensionen Antworten geben. Deshalb werden hier zunächst vier wesentliche, miteinander zum Teil verwobene Dimensionen vorgestellt, namentlich Wachstum, Produkte und Leistungen, Wettbewerbsvorteile und Wertschöpfungssystem. Abgesehen von der übergeordneten Dimension Wachstum orientieren sie sich an den drei Dimensionen der SEP (vgl. Abschn. 2.2.2 und 2.3.3), die vor allem bei Unternehmen eine Rolle spielen. Für die öffentliche Verwaltung sind in ähnlicher Weise verschiedene Strategie-Dimensionen zu bedenken, jedoch mit einem stärkeren Fokus auf die Steigerung von Effizienz und Effektivität in der Leistungserbringung sowie die Wirksamkeit von Leistungen. Die Überlegungen führt das Strategie-Team dann in Form von Strategiealternativen zusammen, die dann bewertet werden können.

Dieses Unterkapitel schließt mit zwei Fallbeispielen: Abschn. 4.2.6 zeigt, wie Nestlé mit der Herausforderung, in reifen Märkten neues Wachstum zu generieren, umgeht. Abschnitte 4.2.7 präsentiert die Starrag Group als einen Maschinenhersteller, der sich erfolgreich eine Nischenstrategie zu eigen macht.

4.2.1 Strategie-Dimension Wachstum

Oft wird Wachstum – angezeigt durch verschiedene Indikatoren wie Umsatz, Wertsteigerung oder Anzahl der Mitarbeitenden – weder als Ziel noch in seinem Ausmaß hinterfragt. Jedoch führt Wachstum beziehungsweise Größe um jeden Preis nicht immer zum Erfolg. Zu viel Wachstum kann gefährlich werden ebenso wie ein zu geringes Wachstum bei wachsenden Märkten. Je nach Marktlage und der internen Situation kann es zu manchen Zeiten für eine Organisation günstiger sein, anderweitige Wachstumsoptionen zu nutzen. Insgesamt stehen zur Auswahl:

- *Expansion:* Ausweitung der Geschäftsaktivitäten aus eigener Kraft (organisches Wachstum) oder durch Akquisitionen (auch anorganisches oder externes Wachstum genannt) (siehe auch Abschn. 4.2.4). So etwa vergrößerte sich der Unterhaltungskonzern Disney im Oktober 2012 durch den Kauf der Firma Lukasfilm, die u. a. die Rechte an „Star Wars" besitzt. Zugleich kündigte Disney den Start der nächsten Trilogie dieser legendären Filmreihe für das Jahr 2015 an
- *Konsolidierung:* Stabilisierung der bisherigen Größe beziehungsweise des Wachstumsverlaufs. Wenn zum Beispiel ein erfolgreiches Start-up zunächst rasant Personal aufbaut, um die Nachfrage bewältigen zu können, wachsen häufig Strukturen und Prozesse nicht in derselben Geschwindigkeit. Dies bewusst aufzuholen ist ratsam, um die gewonnene Größe nicht zu gefährden
- *Schrumpfung:* Verringerung von strategisch nicht relevanten oder margenschwachen Geschäftsfeldern und Leistungen zugunsten einer Konzentration auf Aktivitäten in Kerngeschäftsfeldern und solchen mit höheren Margen. Beispielsweise streben Schweizer Großbanken ein bewusstes Schrumpfen in Segmenten außerhalb ihres strategischen Fokus an. Dazu gestalten sie Konditionen für weniger vermögende Kunden gezielt unattraktiv. Sie konzentrieren sich stattdessen auf Geschäfte mit reichen Kunden, von denen sie sich höhere Margen versprechen

Die Kunst zu wachsen besteht insgesamt darin, ein Gleichgewicht zwischen fortwährendem Stillstand und aggressiven, kurzfristigen Wachstumsschüben zu finden. Ideal ist ein Wachstumskurs, der auch in stürmischen Zeiten dauerhaft Erfolg und Stabilität sichert, ein „gesundes" Wachstum.

„Wie viel Wachstum ist gesund?" – Was steckt dahinter?
Eine Untersuchung von Probst und Raisch hat gezeigt, dass einst sehr erfolgreiche Unternehmen zu schnell oder schlicht zu langsam wachsen können und so in Krisen, ja gar in Konkurse führen können (vgl. [9]). Wissenschaftler der Universitäten St. Gallen und Genf forschen seither zur Frage, wie nachhaltiges, gesundes und profitables Wachstum erzielt werden kann (im Rahmen des Center for Organizational Excellence der Professoren Raisch, Probst, Gomez, Zimmermann) (vgl. [11]). Sie nehmen heute an, dass es für jede Organisation einen geeigneten Wachstumskorridor gibt. Ihren Thesen zufolge markieren drei Faktoren die Untergrenze dieses Korridors: Eine Organisationseinheit muss in der Lage sein, ihre Position gegenüber den wichtigsten Wettbewerbern zu verteidigen, Ressourcen, die durch Produktionsfortschritte frei werden, wieder effizient einzusetzen und die Wachstumserwartungen des Kapitalmarktes zu erfüllen. Dem gegenüber stößt eine Einheit an die obere Grenze ihres Korridors in der Finanzierbarkeit ihres Wachstums, in ihren Führungskapazitäten und durch das Wachstumspotenzial in ihren Marktsegmenten. Aus diesen Faktoren sowie aus Wettbewerbsdaten kann berechnet werden, wo sich eine Einheit gerade befindet, und die Nachhaltigkeit zukünftiger Wachstumsraten abgeschätzt werden.

Um das Modell zu testen, untersuchten Wissenschaftler des Forschungszentrums die Fortune Global 500 Unternehmen für die Periode 1995 bis 2004. Die Studie unterstützte ihr Modell. Sie ergab vier typische Muster: Ein Unternehmen kann keinen Korridor haben (Erschöpfung), es wächst in seiner Bandbreite (optimales Wachstum), unterhalb (Stagnation) oder oberhalb (exzessives Wachstum). Die Studie demonstrierte, dass Unternehmen, die sich innerhalb des eigenen Korridors bewegten, jährliche Aktienrendite von über 17 % erzielten – doppelt so viel wie die Unternehmen, die sich außerhalb des Pfads bewegten. Diese Unternehmen zeichnen sich dadurch aus, dass sie vor allem drei Ziele stetig verfolgen: Nachhaltiges Wirtschaften sowie die kontinuierliche Steigerung von Effizienz und Innovation. Allerdings zeigt sich, dass drei Viertel aller Unternehmen suboptimalen Mustern folgen.

Dies können sie im Zeitverlauf durchaus ändern. Allerdings braucht es aktives Zutun, um wieder in den eigenen Korridor zurück zu kehren, sei es schlussendlich per Expansion, Konsolidierung oder Schrumpfung. Dazu stellt die Studie einige best-practise-Beispiele vor. Um diese nutzen zu können, diagnostiziert eine Einheit zunächst ihre Ausgangslage in vier Schritten – Daten aus Geschäftsberichten zusammen tragen, das kompetitive sowie das nachhaltige Wachstum berechnen und den Wachstumskorridor bestimmen –, um dann adäquat planen und dies umsetzen zu können (vgl. [3]).

Berechnung des optimalen Wachstumskorridors

Schritt 1:

- Erhebung der folgenden Unternehmensdaten aus Geschäftsberichten: 1) Gesamtumsatz, 2) Umsatz nach Segmenten, 3) Gewinn, 4) Eigenkapital und 5) Dividende

- Erhebung der Umsatzzahlen der wichtigsten Wettbewerber in jedem Segment
- Betrachtung eines Zeitraums von mindestens fünf, besser zehn Jahren

Schritt 2: Berechnung der Sustainable Growth Rate (SGR):

- SGR = ROE × (1 – Ausschüttungsquote)
- (ROE = Eigenkapitalrendite = Gewinn/Eigenkapital; Ausschüttungsquote = Dividende/Gewinn)

Schritt 3: Berechnung der Competitive Growth Rate (CGR):

- CGR = (IWSeg1 × GFSeg1) + (IWSeg2 × GFSeg2) + ... + (IWSegN × GFSegN)
- (IW = Wachstum der Industrie = Durchschnittliches Umsatzwachstum der wichtigsten Wettbewerber in einem Segment; GF = Gewichtungsfaktor = Umsatz je Segment/Gesamtumsatz)

Schritt 4: Ermittlung des Wachstumskorridors und Analyse der Ergebnisse:

- Berechnung der SGR und der CGR über den gesamten Zeitraum
- Berechnung des durchschnittlichen Umsatzwachstums über den gesamten Zeitraum
- Vergleichende Betrachtung von SGR, CGR und tatsächlichem Umsatzwachstum
- Analyse zusätzlicher Kennzahlen (zum Beispiel Verschuldungsrate und Produktivitätswachstum), sowie qualitativer Informationen (zum Beispiel Unternehmensstrategie und Wettbewerbssituation)

Die Ergebnisse lassen sich wie in Abb. 4.18 exemplarisch gezeigt, veranschaulichen.

Die Entscheidung, in welchen Geschäftsfeldern, Produkten und Leistungen eine Organisation in welcher Weise wachsen will, unterstützen auch verschiedene andere Instrumente. Die bekanntesten sind die so genannte BCG-Matrix – benannt nach der Unternehmensberatung Boston Consulting Group – und die McKinsey-Matrix. Beide kombinieren Resultate aus der Umfeld-Analyse mit denen aus der Organisations-Analyse und helfen, sich der Frage zu stellen, mit welchen Produkten und Dienstleistungen und/oder in welchen Märkten Wachstum zu verfolgen, zu stabilisieren oder reduzieren ist.

Die BCG-Matrix wird vor allem für Produkte(gruppen) und Dienstleistungen gebraucht. Sie veranschaulicht auf zwei Dimensionen das Zusammenspiel zwischen dem heutigen relativen Marktanteil des Analyseobjektes und dem erwarteten zukünftigen Marktwachstum, auch Marktpotenzial genannt. Relativ ist der heutige Marktanteil im Vergleich zum stärksten Mitbewerber. Beim Marktpotenzial

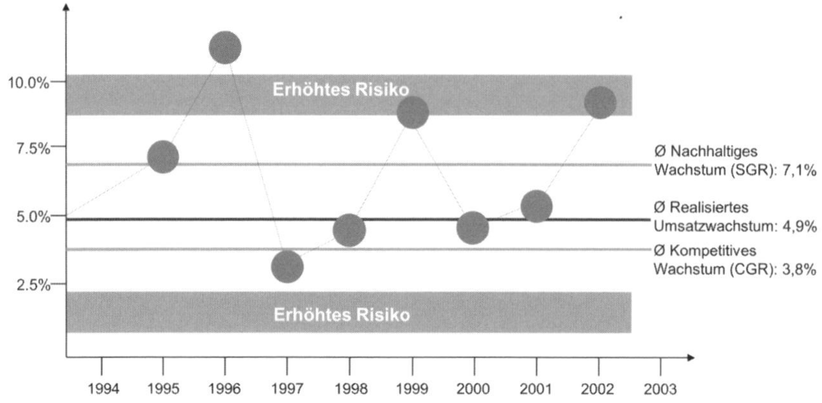

Abb. 4.18 Wachstumskorridor von Nestlé

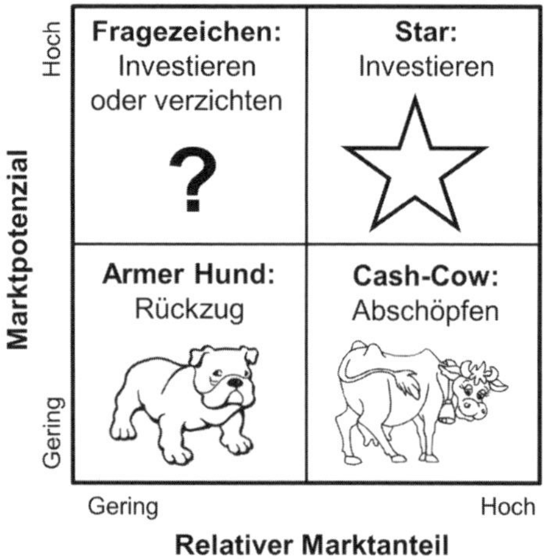

Abb. 4.19 BCG-Matrix

spielt die Vorstellung eines Lebenszyklus eine Rolle: Neigt sich eine Produktära – zum Beispiel das Fax in Zeiten von E-Mail-Kommunikation – dem Ende zu, dann ist eher von einem schrumpfenden Markt auszugehen. Die Kombination beider Dimensionen ergibt eine Matrix mit vier Quadranten, denen Handlungsempfehlungen zugeordnet sind (vgl. Abb. 4.19). Die Platzierung der Objekte in der Matrix unterstützt so strategische Überlegungen.

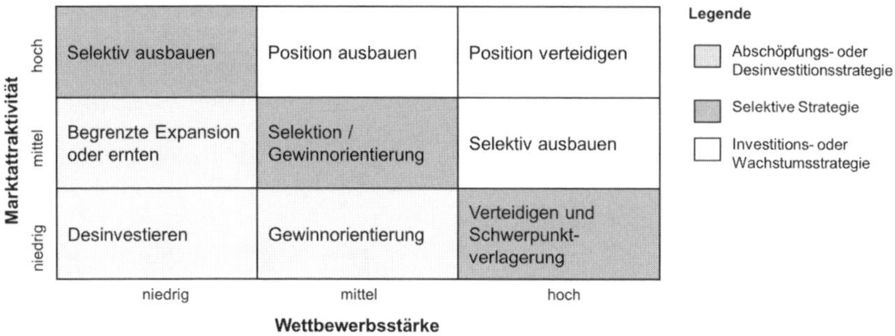

Abb. 4.20 McKinsey-Matrix

Der McKinsey-Ansatz erweitert den Fokus der BCG-Matrix: Sie beachtet in ihren zwei Dimensionen Marktattraktivität und relative Wettbewerbsstärke neben quantitativen auch qualitative Aspekte. Zudem ist sie auch auf strategische Geschäftseinheiten und Tochterfirmen anwendbar. Wichtig ist, dass es möglich sein muss, für das gewählte Objekt eine eigenständige Strategie zu formulieren.

Jede der beiden Dimensionen beinhaltet mehrere Aspekte, die individuell ausgewählt werden können. Für Marktattraktivität werden häufig Ergebnisse der Umfeld-Analyse herangezogen, so etwa Marktwachstum, Profitabilität, Marktpotenzial, Schutzfähigkeit, Anzahl der Konkurrenten, Höhe der Einstiegsinvestitionen oder konjunkturelle Stabilität. Die Dimension Wettbewerbsstärke stützt sich auf die Innensicht: Oft werden hier der eigene Marktanteil, die finanziellen Mittel, das Know-How, Preis-, Marken- und Standortvorteile betrachtet.

Das Analyseobjekt wird für die gewählten Aspekte zunächst einzeln bewertet. Die Bewertungen werden gewichtet. Dann werden die Werte in jeder Dimension aufsummiert – die Koordinaten für die Matrix. Die in Abb. 4.20 ersichtliche Matrix selbst beinhaltet ähnlich wie die BCG-Matrix Handlungsempfehlungen in neun Feldern. So gibt die Anordnung der Objekte in der Matrix Hinweise darauf: Was sollte gefördert werden? Was sollte gehalten werden? Was sollte geerntet oder abgestoßen werden?

Trotz der eingängigen Präsentationen ist bei beiden Ansätzen noch ein zweiter Blick ratsam. Denn einerseits mögen für eine Organisation noch andere Faktoren als die untersuchten erfolgskritisch sein. Zudem können Entscheidungen zu einzelnen Geschäftsfeldern, Produkten und Leistungen zu kurz greifen, wenn nicht das gesamte Portfolio berücksichtigt wird. In diesem sollten sich einzelne Elemente gegenseitig stärken können.

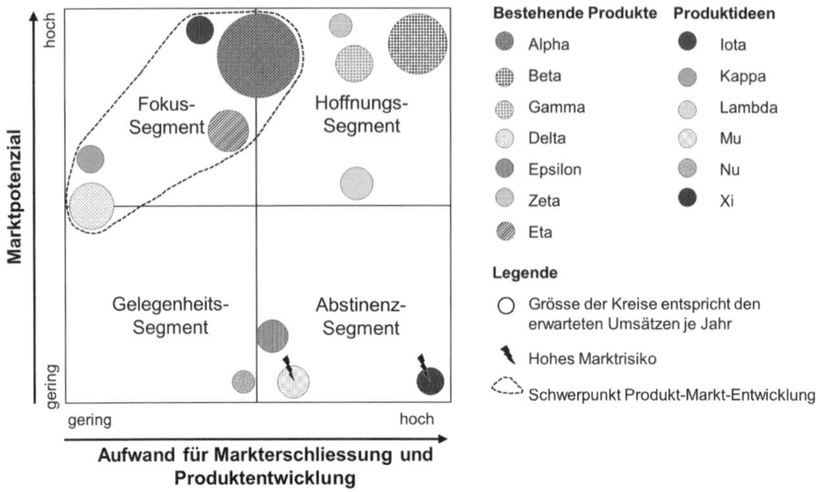

Abb. 4.21 Produkt-bezogene Wachstumspotenziale

Angelehnt an die BCG- und McKinsey-Ansätze entstand beispielsweise Abb. 4.21 im Rahmen der Strategie-Entwicklung eines mittelständischen Unternehmens. Anlass war die Frage, durch welche Produktentwicklungen welche Marktpotenziale erschlossen werden könnten. In einem ersten Schritt wurden Ideen für Weiter- und Neuentwicklungen von Produkten gesammelt. Danach wurden Marktpotenzial, Aufwand für Markterschließung und Produktentwicklung sowie der zu erwartende Umsatz aufgrund des Erfahrungswissens, historischer Werte und Annahmen geschätzt. Die Ergebnisse wurden auf der Matrix in Abb. 4.21 aufgetragen.

Abbildung 4.21 lässt auf einen Blick die Wachstumspotenziale verschiedener Produkte und -ideen in Relation zueinander erkennen. Damit ist diese Präsentation eine ideale Grundlage, um über den zukünftigen Fokus zu entscheiden. Das Unternehmen entschloss sich unter Berücksichtigung seiner finanziellen und personellen Ressourcen, in die Produkte zu investieren, die einen relativ geringen Aufwand für (Weiter-)Entwicklung und Markterschließung sowie ein relativ hohes Marktpotential aufwiesen (Fokus-Segment). In der Folge wurden von dreizehn geprüften Produkt(-vorschlägen) drei bestehende Produkte weiterentwickelt und zwei neue Produkte ausgearbeitet.

Im Gegensatz zur Abb. 4.21 liegt der Abb. 4.22 eine Untersuchung des strategischen Potenzials verschiedener Geschäftsfelder der Paracelsus-Klinik Lustmühle

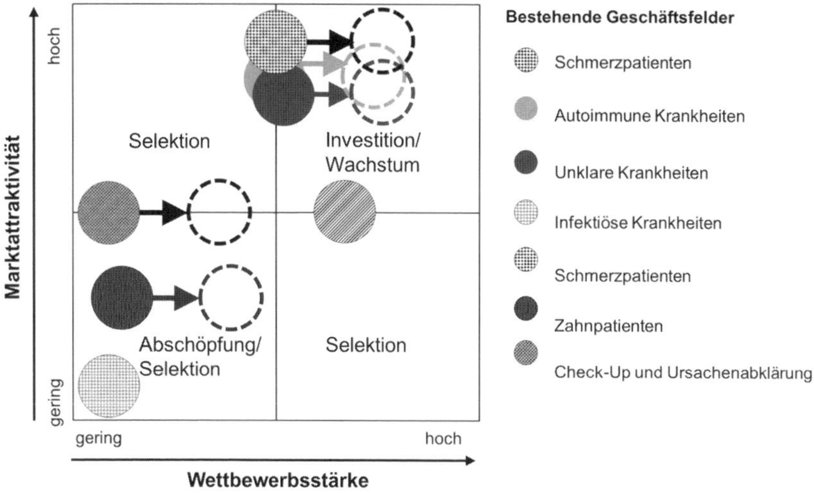

Abb. 4.22 Geschäftsfelder-Wachstumspotenziale der Paracelsus Klinik Lustmühle

zugrunde. Diese Klinik ist eine private Einrichtung im Schweizer Kanton Appenzell Außerrhoden mit rund 80 Mitarbeitenden. Sie hat sich auf Biologisch-Integrative Medizin und Zahnheilkunde spezialisiert.

Die Kreise stehen für verschiedene Geschäftsfelder, ihre Größe ist unabhängig vom Umsatz gezeichnet. Ausgefüllte Kreise zeigen die heutigen Positionierungen, Kreisumrisse beziehungsweise ausgefüllte Kreise, wenn keine Veränderung eintritt, die angestrebten zukünftigen Positionierungen der Geschäftsfelder.

Aus der Abb. 4.22 geht hervor, dass die Klinik für keines der Geschäftsfelder von einer Erhöhung der Marktattraktivität ausgeht. Jedoch hofft sie vor allem in fünf Geschäftsfeldern durch die Erhöhung ihrer eigenen Wettbewerbsstärke einen größeren Marktanteil zu gewinnen. Die zukünftigen Positionierungen sollen mit Hilfe der Strategie umgesetzt werden.

4.2.2 Strategie-Dimension Produkte und Leistungen

Die Strategie-Dimension Wachstum ging der Frage nach, ob und in welchen Geschäftsfeldern, Produkten und Dienstleistungen eine Organisation expandieren, sich konsolidieren oder schrumpfen möchte. Diese Dimension fragt nun, wie eine Organisation ihre Produkte und Leistungen in Bezug auf ihre Zielmärkte ent-

Abb. 4.23 Produkt-Markt-Matrix nach Ansoff

wickeln möchte. Es lassen sich nach Ansoff [1] vier grundsätzliche strategische Ausrichtungen unterscheiden (Abb. 4.23):

- *Marktdurchdringung:* Die aktuellen Zielmärkte werden noch intensiver als bisher mit dem bestehenden Produkt- und Leistungsportfolio bearbeitet. Das kann zum Beispiel durch Verkaufsintensivierung, durch Neukundengewinnung, durch einen Relaunch bestehender Produkte, durch Kosten- und Preissenkungen geschehen
- *Marktentwicklung:* Mit bestehendem Produkt- und Leistungsportfolio werden neue Märkte, neue Absatzregionen, neue Kundengruppen erobert und/oder neue Verwendungszwecke erschlossen
- *Produktentwicklung:* Für die bisherigen Zielmärkte werden Produkte, Produktlinien und /oder Dienstleistungen weiter oder neu entwickelt. Dazu können verschiedene Wege gegangen werden: zum Beispiel eigene Entwicklung, Vertragsentwicklung, Austausch von Produkten, Erwerb von Produktlizenzen
- *Diversifizierung:* Das bestehende Produkt- und Leistungsportfolio wird mit neuen Produkten und Leistungen für neue Märkte erweitert. Die Diversifikation kann horizontal, vertikal und/oder lateral erfolgen

Insbesondere an den letzten beiden Möglichkeiten schließt die Frage an, auf welche Weise das Produkt- und Leistungsangebot der Organisation verändert werden soll? Mehrere Alternativen stehen zur Auswahl:

Tab. 4.3 Beispiel für Paket-Preise im Vergleich zu Einzelpreisen

In CHF	Burger	Pommes Frites	Getränk	Summe
Einzelpreise	6,90	4,90	3,90	15,70
Zahlungsbereitschaft Kunde	6,90	4,00	3,00	14,90
Paket-Angebot	5,00	3,50	3,40	11,90

- *Ausweitung:* Erweiterung des Produkt- und Leistungsangebots in der Erwartung, die Wettbewerbsposition zu verbessern. allerdings mit der Gefahr, sich intern zu „verzetteln"
- *Konzentration:* Beschränkung auf die Produkte und Leistungen, die für die zukünftige Entwicklung der Organisation am bedeutsamsten sind
- *Bündelung und „unbundling":* Schnürung von Produkten und Leistungen zu Paketen sowie die konträre Variante, die Trennung von Haupt- und Nebenleistungen

Paket-Angebote sind dann attraktiv, wenn sie Mehrverkäufe versprechen. So offerieren Fastfood-Ketten häufig Burger, Pommes Frites und Getränke einzeln, aber auch im Bündel zu einem günstigeren Preis. Das verlockt: Obwohl ein Kunde eigentlich nur einen Burger kaufen wollte, ist er angeregt, mehr auszugeben. Denn das Bündel ist für ihn günstiger als drei einzelne Produkte, die er nicht zu zahlen bereit ist. So ersteht der Kunde mehr als geplant. Gleichzeitig erhöht die Fastfood-Kette ihren Umsatz, und zwar um die Differenz zwischen dem Einzelpreis des Burgers und dem Preis des Bündels (vgl. Tab. 4.3).

Abbildung 4.24 zeigt exemplarisch, wie ein Unternehmen im Laufe seiner Geschichte verschiedene Produktstrategien auf unterschiedlichen Märkten verfolgen kann: Red Bull, gegründet 1984, führte in seinem Heimatmarkt Österreich Red Bull als Energy-Drink im Jahr 1987 ein. Damals war nicht nur das Produkt neu – mit dem Energy-Drink entstand eine neue Produktekategorie. Nachdem der Umsatz mit der Marktdurchdringungs-Strategie 1) in Österreich rasch verdoppelt wurde, eroberte Red Bull schrittweise neue Märkte. Die Marktentwicklungs-Strategie 2) umfasste Länder von Singapur bis zur Schweiz, wo Red Bull seit 1995 verkauft wird. Heute werden jährlich rund 4 Mrd. Dosen in 160 Ländern verkauft. Doch damit ist nicht genug. Ab 2008 verfolgte Red Bull eine Produktentwicklungs-Strategie 3) und lancierte seine eigene Cola: Red Bull Simply Cola – Strong & Natural: Entsprechend einem Marktbedürfnis wird die Cola aus natürlichen Zutaten hergestellt. Im Rahmen der aktuellen Diversifikations-Strategie 4) werden nun auch Energy-Shots

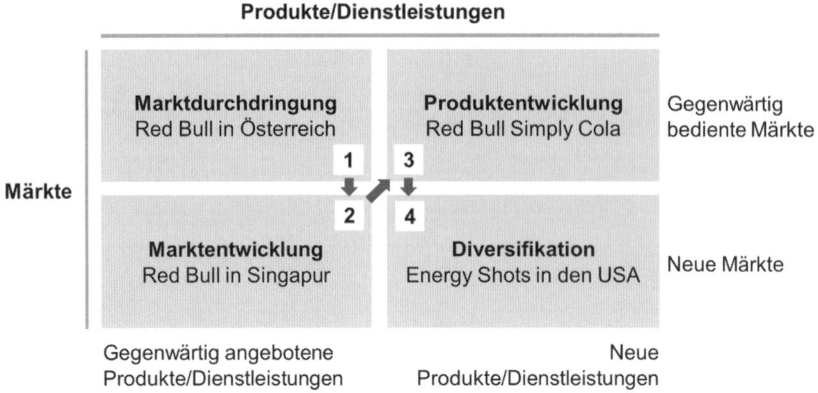

Abb. 4.24 Produkt-Markt-Orientierung von Red Bull seit 1987

schrittweise global vertrieben, nachdem sie 2009 in den USA erstmals verkauft wurden. Red Bull hat mit dieser Strategie seine Märkte und Produkte gemäß der Produkt-Markt-Matrix erfolgreich ausgebaut.

Zur Marktentwicklung – der Wiedereinführung des Kleinwagens Fiesta in den USA – griff Ford auf unkonventionelle Mittel zurück: Ausgestattet mit einem Budget von rund fünf Millionen Dollar beschloss Ford, 100 Autos für sechs Monate an ausgewählte Personen kostenlos zu verleihen. Die Bedingungen waren, dass die Personen in Social Media Netzwerken sehr gut vernetzt waren und dort aktiv und authentisch über ihre Erfahrungen diskutierten. Zur Selektion nahmen Kandidaten an Online-Wettbewerben teil, bei denen sie ihre soziale Vernetzung beweisen mussten. Sie mussten zudem gewisse „Missionen" wie beispielsweise Freiwilligenarbeit erfüllen und YouTube-Videos produzieren. Die Auswahl selbst war gelungen: Innerhalb der sechs Monate publizierten die Test-Personen über 60.000 Nachrichten. Weitere messbare Erfolge waren, dass die Markenbekanntheit bei der jungen Zielgruppe auf 37 % stieg. Durch die Aktion wurden viele Testfahrten generiert und insgesamt 50.000 Autos abgesetzt. Mit einer traditionellen Werbekampagne hätte ein solcher Erfolg zig Millionen Dollar gekostet (vgl. [13]).

Der Schweizer Wander-Konzern, der seine Marke Ovomaltine mittlerweile in 110 Ländern vertreibt, ist ein Beispiel für Diversifizierung. Geleitet durch Marktstudien passt er seine Produkte an die jeweiligen lokalen Gewohnheiten an und vermarktet sie unterschiedlich. Erstens berücksichtigt er verschiedene Geschmäcker. So bevorzugen EU-Bürger im Vergleich zu Schweizern süßeren Kakao. Für sie wurde deshalb der Kristallzucker-Gehalt erhöht und der Malzgehalt redu-

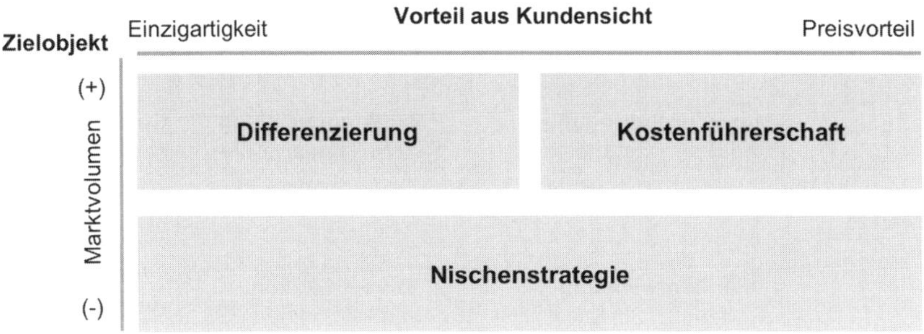

Abb. 4.25 Wettbewerbsvorteile nach Porter

ziert. In Thailand, dem nach der Schweiz größten Markt, sind acht verschiedene Geschmacksrichtungen erhältlich, darunter eine Soja-Mischung. Bei der Kreation des Geschmacks bezieht der Konzern die unterschiedlichen Zubereitungsarten in mit ein: Denn die Milch, der bevorzugte Zusatz in der Schweiz, wird in anderen Teilen der Welt durch Wasser oder gestreckter Kokosmilch ersetzt. Zweitens verpackt der Konzern seine Produkte je nach Land anders: Nicht nur ist das Design verschieden. Sondern die Verpackungsgrößen ändern sich auch – angepasst an das Einkommensniveau der Bevölkerung: Beispielsweise lassen sich in Südostasien und Afrika einzelne Sachets erstehen, während in der Schweiz Familienpackungen erhältlich sind. schließlich adaptiert der Konzern die Farbe des Pulvers und selbst den Namen – im englischsprachigen Raum sowie in Thailand abgekürzt als „Ovaltine“ (vgl. [6]).

4.2.3 Strategie-Dimension Wettbewerbsvorteile

Diese Dimension fragt: Wie können Vorteile erlangt werden, die es einer Organisation erlauben, auf dem Markt langfristig erfolgreicher als die Mitbewerber zu agieren? Einer Organisation stehen dazu nach Porter [7] drei Varianten zur Verfügung (Abb. 4.25):

- Kostenvorteile bis hin zur *Kostenführerschaft:* Kostenvorteile ermöglichen es, die gleiche Leistung wie die Konkurrenz anzubieten, jedoch zu einem geringeren Preis – entsprechend also ein besseres Preis-Leistungsverhältnis – oder verbunden mit einer höheren Marge. Die Strategie der Kostenführerschaft ist vor allem dann zu erwägen, wenn der Abnehmer die Leistungen verschiedener Anbieter als weitgehend homogen wahrnimmt, der Preis das Kaufverhalten stark beeinflusst und die Organisation Kostenvorteile realisieren kann, ohne die Qualität der Leistung merklich einzubüßen

- *Differenzierung:* In der Kundenwahrnehmung unterscheiden sich die Leistungen der Organisation qualitativ eindeutig von Konkurrenz-Angeboten. Dadurch kann eine Organisation einen höheren Absatz oder/und eine höhere Marge erzielen
- *Nischenstrategie:* Die Positionierung in einer Marktnische bedeutet, dass die Leistungen der Organisation ein bestimmtes, stark eingegrenztes Kundensegment oder -bedürfnis befriedigen. Dadurch beherrscht die Organisation den Markt in diesem Bereich relativ stark. Die Nischenstrategie kann als eine spezifische Art der Differenzierung angesehen werden

Während früher häufig davon ausgegangen wurde, dass sich Kostenvorteile und Differenzierung ausschließen, lassen heutige flexible Fertigungs-, Logistik- und Vertriebssysteme sowie die wachsende Modularität von Marktleistungen eine Verbindung beider Ausprägungen zu. Es gilt jedoch nach wie vor: Für eine gute Strategie sind die angestrebten Wettbewerbsvorteile sowie die Art und Weise, wie diese erzielt werden sollen, klar und eindeutig zu definieren. Ein Unternehmen bzw. die Geschäftseinheit sollte jederzeit darlegen können, warum ein Kunde die eigenen Leistungen jenen der Konkurrenz vorziehen sollte.

Der Ski-Hersteller Zai AG hat sich für eine Differenzierungsstrategie entschieden. Seit 2004 verkauft er Skis mit innovativen Materialien und schlichtem, ästhetischem Design. Die Produkte sind handgemacht aus edlen Hölzern und zum Teil mit einem Granitkern aus den Bündner Bergen – eine Weltneuheit. Dank den Marketing-Partnerschaften mit der Schweizer Uhrenfirma Hublot und dem britischen Automobilhersteller Bentley, für die jeweils eine limitierte Edition hergestellt wurde und der Kooperation mit dem Sportprodukte-Hersteller Salomon setzt Zai AG Material-Innovationen um und erweitert die Produktpalette. Der Fokus liegt klar auf Klasse statt auf Masse. In der persönlichen Beratung, den Probefahrten und den individuellen Anpassungen manifestiert sich zudem ihre Kundenorientierung. Zai Ski sind Luxus, die man ab rund 3.500 Schweizer Franken sein eigen nennen kann. Der Markt gibt dem gewählten Ansatz recht: 2011 wird Zai zum offiziellen Ski der Fis Alpine Ski WM 2011 in Garmisch-Partenkirchen gewählt. Damit hat sich Zai mit exklusiven Skiern erfolgreich etabliert. Seit 2012 erprobt Zai seine Differenzierungsstrategie, die auf der Verbindung von hoher Ästhetik und Funktionalität beruht, auch einem anderen Markt mit anderen Produkten, dem Golfsport – also zudem eine geschäftliche Diversifikationsstrategie.

Differenzierung durch Social Media Strategien – was steckt dahinter

Immer mehr Firmen und öffentliche Institutionen sind auf Internetplattformen präsent, die dem Austausch von Meinungen, Eindrücken, Erfahrungen und Anregungen mit anderen gesellschaftlichen Gruppen dienen. Die Vorteile liegen auf der Hand: Auf einer solchen Plattform eine Seite zu erstellen ist schnell gemacht und kostet wenig. Weitere Zielgruppen können angesprochen werden.

Beispielsweise ist Facebook – als der prominenteste Social Media Kanal – gerade bei Jüngeren beliebt und verheißt einen Dialog mit Kunden und solchen, die es werden sollen. So hat Nespresso dort rund 1.9 Mio. „Gefällt mir"-Klicks und bietet Videos zur Kaffeeherstellung, den Kaffeesorten, den Kapseln und den Maschinen. Daneben hat es einen Boutique-Finder, der hilft, einfach und schnell die nächste Verkaufsstätte zu lokalisieren. Auf der Facebook-Pinnwand interagiert Nespresso mit seinen Anhängern. Beispielweise antworteten auf die Frage „How is your Nespresso moment going to be today?" in kurzer Zeit über 1000 Personen.

Der US-amerikanische Lebensmittelhersteller Nabisco ist mit seinen Oreo-Keksen ebenfalls auf Facebook zu finden. 32 Mio. „Gefällt mir" sprechen für die Beliebtheit der Kekse beim Facebook-Publikum und für den Erfolg der Social-Media-Strategie. In ihr ist Facebook nur ein Element. Zudem twittert Oreo, hat Spiele-Apps rund um den Keks für verschiedene Smartphone-Plattformen entwickelt, lädt Fotos von keksessenden Konsumenten auf seine Homepage hoch, zeigt eigene Fotos auf Pinterest und thematisiert Oreo in kleinen Video-Geschichten auf Youtube. Einen Höhepunkt setzte Nabisco zum hundertjährigen Jubiläum der Marke. Im so genannten „Crowdsourcing" zapfte Nabisco mit der „daily twist"-Kampagne im Sommer 2012 den Ideenreichtum der Masse an. Die Organisatoren forderten 100 Tage lang über ihre Social Media Kanäle ihr Publikum auf, morgens die wichtigste Tagesnachricht zu benennen und zu küren. Passend dazu kreierte ein Designerteam in aller Eile bis zum Nachmittag mehrere Keks-Gestaltungsvorschläge. Diese wurden wieder auf die Social Media Kanäle sowie auf eine Werbetafel am New York Times Square hochgeladen. Das Publikum konnte dann über den Oreo-Look des Tages abstimmen. Die Gewinner sind hier zu sehen: http://brands.nabisco.com/Oreo/dailytwist/. Dank dieser Kampagne wurde die Oreo-Facebook-Seite weitaus häufiger frequentiert als in den Monaten zuvor. Auch stieg der Verkauf der Kekse an (vgl. [5]).

So positiv dies klingt, Organisationen müssen sich gewisser Risiken bewusst sein. Wenn täglich mehrere Seitenbesucher Fragen stellen, braucht es jemand, der sie beantwortet. Beispielsweise bittet auf der Facebook-Pinnwand von Tetra, dem weltweit führenden Fischfutterhersteller, ein Aquarium-Besitzer um Rat: Sein Fisch ist nach der Fütterung gestorben. Wird dieser nicht binnen weniger Tage, gar weniger Stunden gegeben, so kann ein solcher Auftritt zu einer negativen Reputation führen. Jedoch: Viele Kanäle zu bespielen, ständig online präsent zu sein kann schnell viele Ressourcen binden.

Umso mehr sind vorab die strategische Ziele der Social Media Aktivitäten zu klären: Soll die Bekanntheit gesteigert werden? Sollen die Kunden umfassend über Produkte informiert werden? Oder sollen gar zusätzliche Services angeboten werden, die den Absatz erhöhen? Dies gelingt beispielsweise Starbucks auf Facebook: In einigen Ländern können aufmerksame Mitleser der Facebook-Postings Kaffee zeitweilig preisreduziert kaufen. Ebenfalls wesentlich ist, die Ressourcen, das Vorgehen und die Erfolgsmessungen vorab zu planen und sich mit den Risiken auseinander zu setzen.

Unabhängig vom Ziel: Folgende Leitlinien zu „being social" fördern den Erfolg einer Social Media Strategie: Sei aktiv, sei interessant, sei bescheiden, sei persönlich und sei ehrlich (vgl. [4]).

4.2.4 Strategie-Dimension Wertschöpfungssystem

Seit den frühen 1990er Jahren haben Unternehmen in zahlreichen Branchen ihre Wertschöpfungssysteme systematisch umgestaltet. In der Vergangenheit stark vertikal integrierte Unternehmen haben begonnen, sich auf ihre Kernfähigkeiten, -aufgaben und -leistungen zu konzentrieren. Anderes decken sie vermehrt über strategische Partnerschaften ab.

Das illustriert, dass eine Organisation sich bewusst fragen sollte, welche Leistungen sie selbst erbringen möchte. Neben dem „Weiter wie bisher" stehen ihr vier Möglichkeiten offen:

- *Horizontale Integration:* Akquisition von komplementären Anbietern auf gleicher Produktionsstufe
- *Vertikale Integration:* Vor- oder nachgelagerte Fertigungs- oder Handelsstufen werden durch Akquisition von Lieferanten oder Vertriebspartnern in den eigenen Prozess internalisiert
- *Konzentration* auf das Kerngeschäft, zum Beispiel durch Auslagerung von nicht strategisch relevanten Fertigungsstufen an Lieferanten oder Vertriebspartner
- *Kooperation:* Von losen strategischen Netzwerken und Allianzen bis hin zu Joint Ventures mit verschiedenen Beteiligungsgraden. Kooperationen ermöglichen einerseits eine größere Flexibilität und führen für die einzelnen Partner zu klaren Effizienzgewinnen durch Spezialisierung. Andererseits bergen sie höhere Koordinations- und Kontrollkosten zur Bildung und Aufrechterhaltung dieser Partnerschaften. Zudem ergeben sich häufig neuartige Konstellationen, in denen Organisationen zugleich zusammen- und gegeneinander arbeiten (*Co-opetition*)

Victorinox setzte mit der Übernahme des Unternehmens Wenger im Jahr 2005 auf horizontale Integration. Ein Motiv für die Akquise war der Wunsch, das Schweizer Kreuz, das die traditionellen Offiziersmesser beider Firmen ziert, in eidgenössischer Hand zu behalten. Nur diese beiden Unternehmen liefern Taschenmesser an die Schweizer Armee. Mit leicht unterschiedlichem Design und Konstruktion werden die Messer zudem in 150 Ländern vertrieben. Insgesamt produzieren beide zusammen knapp 26 Mio. Messer im Jahr. Durch die Übernahme der Schweizer Konkurrenz verhinderte Victorinox, dass Wenger von ausländischen Investoren aufgekauft wurde. Denn das hätte Victorinox als Reputations-Verlust für Schweizer Messer angesehen. Zudem stärkte Victorinox so die eigene Position im Taschenmesser-Markt. Wenger blieb als eigenständige Marke erhalten und stellte acht Jahre lang weiterhin Schweizer Messer her. Erst Anfang 2013 entschied die Konzernleitung, dem weltweiten Verdrängungskampf durch die Bündelung des Messergeschäfts bei Victorinox zu begegnen.

Clorox, ein U.S.-amerikanisches Nahrungsmittel-, Haushaltswaren- und Chemieunternehmen, erhöht seine Forschungs- und Entwicklungs-Kapazitäten, indem es sie teilweise an seine Kunden auslagert. Dazu bedient sich Clorox des virtuellen „Crowd Sourcing". Das Marketing-Team erstellte eine Webseite, auf welcher das Unternehmen mit seinen Kunden direkt interagieren kann und Ideen platziert werden können. Dort fragt Clorox beispielsweise: „Wir arbeiten an Produkt X. Welche Eigenschaften wünschen Sie sich?" Um die Kunden zur Teilnahme zu motivieren, verwendet Clorox Anreize aus der Gaming-Welt: Teilnehmer können durch Kommentare und Bewertungen Punkte sammeln und verschiedene Expertenniveaus erreichen. Diejenigen mit den besten Beiträgen werden auf der Webseite für alle sichtbar gewürdigt. Der Prozess bewährte sich, zum Beispiel als Clorox nach neuen Zutaten für eine Salat-Sauce suchte. Schnell kamen mehrere Antworten, die Firma entschied sich für eine Lösung und brachte den Produkt-Entwicklungs-Prozess innerhalb eines Tages in Gang (vgl. [13]).

4.2.5 Formulierung einer mehrdimensionalen Strategie

Die vier präsentierten Dimensionen decken die wesentlichen Punkte einer Strategie ab. Je nach Branche und individueller Situation können jedoch weitere Punkte relevant werden, so etwa das Innovationsverhalten oder die Entwicklung des intellektuellen Kapitals. Entsprechend sind die Dimensionen fallweise zu erweitern.

Die bisherigen Zutaten – die Vision, die entworfenen, zukünftigen SEP und die Ergebnisse der SWOT-Analyse – sind nun in einem kreativen Akt zu etwas Neuem, Einmaligen zu mischen, das Antworten auf die verschiedenen, ausgewählten Strategie-Dimensionen gibt.

Zur Unterstützung hat sich der morphologische Kasten bewährt, eine kreativ-analytische Methode, um komplexe Themen zu erfassen und verschiedene Lösungs-Varianten herzuleiten. Er wird so angewendet:

- Festlegen von mehreren sinnvollen Ausprägungen in jeder der vier Strategie-Dimensionen
- Zusammenstellen von einer oder mehrerer plausiblen Kombinationen von Ausprägungen über alle Dimensionen hinweg

Daraus resultieren die für die Organisation denkbaren strategischen Lösungen, auch als alternative strategische Stoßrichtungen bezeichnet. Diese sind kurz zu

Tab. 4.4 Morphologischer Kasten: Anwendungsbeispiel

Dimension	Mögliche sinnvolle Ausprägungen für die strategische Organisation			
Wachstum	Ausweitung Marktanteil Produkt A	Schrumpfung mit Konzentration auf bessere Marge	Geographische Ausweitung	Gemässigtes Umsatzwachstum
Produkte und Leistungen	Priorität Marktdurchdringung	Priorität Produktentwicklung	Priorität Marktentwicklung	
	Konzentration auf Kernprodukt	Ausweitung durch Entwicklung von Services	Doppelstrategie: Kernprodukt und „zweites Standbein"	Unbundling Haupt- und Nebenleistungen
Wettbewerbsvorteile	Kostenführerschaft (Preis)	Differenzierung (Qualität und Service)	Kombination nach Leistungstypen	
Wertschöpfungssystem	Alleingang	Strategische Partnerschaften extern	Verstärkte Kooperation intern	

beschreiben. Die Alternativen-Vielfalt hat mehrere Vorteile: Erstens lässt sich später dokumentiert begründen, warum ein Weg einem anderen vorgezogen wurde. Zweitens empfehlen sich mehrere Alternativen, falls der Entscheidungsträger nicht Mitglied des Strategie-Teams ist. Erhält er mehrere Vorschläge, mag dies die Akzeptanz für die präferierte Variante unterstützen: Er wird nicht vor gemachte Tatsachen gestellt.

Tabelle 4.4 zeigt zwei strategische Stoßrichtungen:

- *Hellgrau markierte Kombination:* Hier wird ein gemäßigtes Umsatzwachstum durch eine Doppelstrategie angestrebt: Die bisher gekoppelten Haupt- und Nebenleistungen (Produkt und Services) werden voneinander trennt. Dadurch lässt sich neben dem Kernprodukt mittelfristig ein „zweites Standbein" für die Organisation aufbauen. Während für das Kernprodukt in erster Linie Kostenführerschaft angestrebt wird, ermöglicht das zweite Standbein eine Differenzierung für die Organisation. Im Rahmen der Strategie muss verstärkt mit anderen in der Organisation zusammengearbeitet werden
- *Dunkelgrau markierte Kombination:* Die Organisation konzentriert sich auf das Kernprodukt, um durch Differenzierung eine höhere Marge zu erzielen. Ziel ist Marktentwicklung, d. h. die Erschließung bislang nicht angesprochener Kundengruppen, auch im Rahmen von strategischen Partnerschaften

Tab. 4.5 Kriterien zur Beurteilung strategischer Stoßrichtungen

Kriterium	Fragen
Kohärenz	Bestehen offenkundige Widersprüche zwischen den gewählten Ausprägungen der vier Strategiedimensionen?
	Unterstützen und/oder verstärken sich die einzelnen Ausprägungen gegenseitig?
	Führt die Stoßrichtung zum Aufbau der definierten zukünftigen Strategischen Erfolgspositionen?
	Inwieweit antwortet die Stoßrichtung auf die wichtigsten Chancen und Gefahren im Umfeld der Organisation?
	Nutzt die Stoßrichtung bereits vorhandene Stärken und trägt sie zur Abschwächung heutiger Schwächen der Organisation bei?
Unterscheidung im Wettbewerb	Lässt sich mit der Stoßrichtung eine klare Unterscheidung der Organisation gegenüber den Mitbewerbern erreichen?
Erfüllung strategischer Vorgaben	Ermöglicht es die Stoßrichtung, den strategischen Vorgaben an die Organisation gerecht zu werden?
	Trägt sie den Erwartungen der wichtigsten Anspruchsgruppen Rechnung?

Ist eine strategische Stoßrichtung umfangreich, kann sie in mehrere Teilstrategien aufgeschlüsselt werden. Diese Teilstrategien müssen allerdings mindestens untereinander widerspruchsfrei sein und dürfen sich nicht gegenseitig hemmen.

Jede der strategischen Stoßrichtungen ist einer ersten Prüfung zu unterziehen in Bezug auf Kohärenz, Unterscheidung im Wettbewerb und Erfüllung strategischer Vorgaben (vgl. Tab. 4.5). Für den weiteren Verlauf ist nun die strategische Stoßrichtung als Strategie auszuwählen, die diese Kriterien am besten erfüllt. Sie ist dann näher zu beschreiben.

Für einige Strategie-Situationen bietet es sich an, die Strategie inhaltlich weiter in Teilstrategien zu differenzieren: Wenn etwa die Strategie als Ganzes nur sehr abstrakt formuliert werden kann – was auch die Ableitung strategischer Ziele erschwert. Oder wenn eine Organisation für verschiedene Einheiten die Strategie noch weiter spezifizieren möchte. Beides würde auf dieses Beispiel zutreffen: Eine Organisation möchte sich mit seinen Leistungen sichtbarer und als Qualitätsanbieter klar vom Wettbewerb unterscheidbar am Markt positionieren. Um erstens die Visibilität zu erhöhen, erarbeitet es eine Teilstrategie für die Kommunikation gegen Außen. Sie wird von den Funktionen Vertrieb, Marketing und Public Relations konkretisiert und umgesetzt werden. Zweitens entschließt sich die Organisation, ihr Leistungsportfolio zu verschlanken. Damit schärft sie ihr Profil und setzt in der

Produktion Ressourcen frei, die sie für Forschung und Entwicklung (F&E) einsetzen wird, um auch langfristig qualitativ hochwertige Leistungen offerieren zu können. Drittens sieht die Organisation den Bedarf, dass Informationen über Markt- und Wettbewerbstrends schneller als zuvor in F&E einfließen und umgekehrt. Es gilt also, die internen Prozesse und Strukturen zwischen Akteuren am Markt und im F&E-Bereich so zu optimieren, dass Wissen schneller ausgetauscht wird. So wird als weitere Teilstrategie der Auf- und Ausbau eines gelebten Wissensmanagements formuliert. Wie das Beispiel verdeutlicht, können grundsätzlich durch Teilstrategien die verschiedenen Facetten des zukünftigen strategischen Handelns noch klarer dargestellt werden.

4.2.6 Fallbeispiel Nestlé: Organisches Wachstum in reifen Märkten

Das folgende Beispiel Nestlé wurde von Probst, Raisch und Ferlic [10] erforscht und publiziert. Wir nehmen dieses Beispiel zu großen Teilen auf, um die Wachstumstrategien zu illustrieren. Denn mit der Herausforderung, in reifen Märkten neues Wachstum zu generieren, sehen sich viele Unternehmen konfrontiert. Neue Wachstumsimpulse sind zu setzen, ohne dabei die Profitabilität des Unternehmens zu gefährden. Die Unternehmensleitung kämpft somit an zwei Fronten: Einerseits muss sie für die Zukunft die Finanzierung stark risikobehafteter Innovationsprojekte ermöglichen, andererseits darf sie den heutigen operativen Erfolg nicht aus den Augen verlieren.

Mit der Herausforderung, in reifen Märkten neues Wachstum zu generieren, sehen sich viele Unternehmen konfrontiert. Neue Wachstumsimpulse sind zu setzen, ohne dabei die Profitabilität des Unternehmens zu gefährden. Die Unternehmensleitung kämpft somit an zwei Fronten: Einerseits muss sie für die Zukunft die Finanzierung stark risikobehafteter Innovationsprojekte ermöglichen, andererseits darf sie den heutigen operativen Erfolg nicht aus den Augen verlieren.

Nestlé hat diese Balance seit 1997, in den ersten zehn Jahren unter der Führung von Peter Brabeck, erfolgreich gefunden. Trotz eines durchschnittlichen jährlichen Marktwachstums der Nahrungsmittel-Industrie von nur 2 % konnte Nestlé zwischen 1997 und 2006 den Umsatz von 70 Mrd. auf 98 Mrd. Schweizer Franken und den Gewinn von 4 Mrd. auf 9 Mrd. Schweizer Franken steigern, wie in Abb. 4.26 und 4.27 dargestellt. Das organische Wachstum des Konzerns lag dabei im Schnitt bei 5,8 % – deutlich höher als bei den wichtigsten Konkurrenten.

Das Beispiel Nestlé zeigt im Folgenden, wie Unternehmen in reifen Märkten nachhaltig profitables Wachstum generieren können.

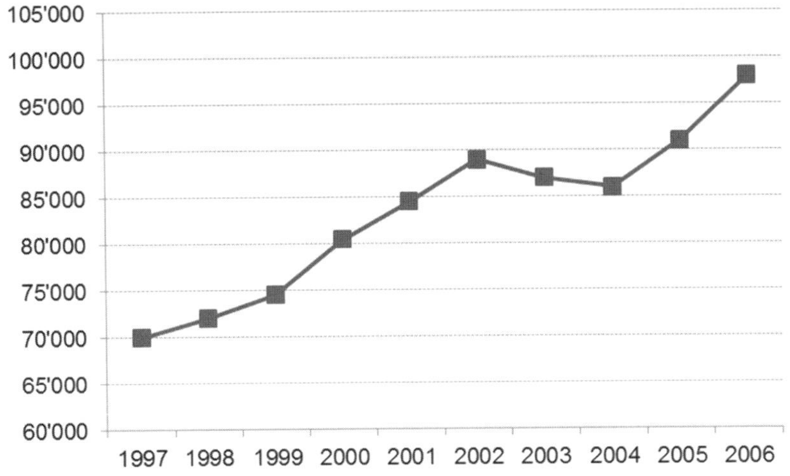

Abb. 4.26 Umsatzwachstum von Nestlé zwischen 1997 und 2006

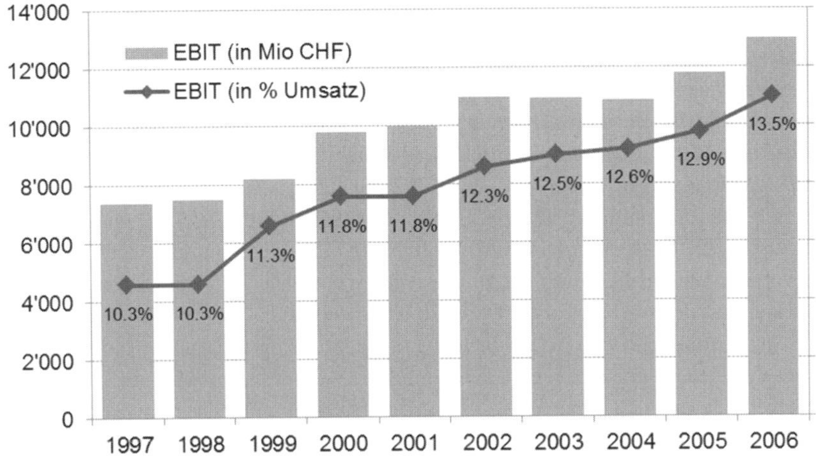

Abb. 4.27 EBIT-Wachstum von Nestlé zwischen 1997 und 2006

Die Wiederbelebung des organischen Wachstums Als Peter Brabeck 1997 die Führung des Nestlé-Konzerns von seinem Vorgänger Helmut Maucher übernahm, sah er sich mit einer wesentlichen Herausforderung konfrontiert: der Wiederbelebung des organischen Wachstums des Unternehmens. Die Grenzen der unter Maucher verfolgten externen Wachstumsstrategie waren erreicht, eine strategische

Neuorientierung unumgänglich. Als eine der ersten Maßnahmen im Amt erklärte Brabeck das bereits zuvor formulierte Ziel für ein reales internes Wachstum (RIW) von 4 % zur obersten Priorität der Unternehmensführung. Dabei setzt sich das RIW zusammen aus dem Umsatzwachstum minus Effekte von Akquisitionen, Verkäufen, Preis- und Wechselkursänderungen. Ein RIW von 4 % entspricht bei Nestlé einem organischen Wachstum von etwa 5 bis 6 %: „Organisches Wachstum reflektiert den Erfolg eines Unternehmens wesentlich besser als externes Wachstum. Für externes Wachstum brauche ich nur drei Personen – einen Manager, einen Anwalt und einen Bankier –, für internes Wachstum hingegen die Motivation von 250.000 Menschen, dem gesamten Unternehmen. Darüber hinaus ist es eine wesentlich nachhaltigere Form des Wachstums."

Trotz der weltweit führenden Stellung von Nestlé im Nahrungsmittelbereich war das gesetzte Wachstumsziel alles andere als einfach zu erreichen. Nestlé generierte über 70 % seines Umsatzes in reifen Märkten mit sehr geringem Wachstumspotenzial. Daher mussten neue Wachstumsquellen erschlossen werden, und zwar durch eine deutliche Steigerung der Innovationskraft. Zugleich hatte Nestlé mit einer im Vergleich zur Konkurrenz verhältnismäßig niedrigen Profitabilität zu kämpfen. Um eine breit angelegte Innovationsoffensive finanzieren zu können, mussten deshalb zunächst liquide finanzielle Mittel generiert werden. Eine Reihe von Programmen zur Erhöhung der operativen Effizienz markierte daher den Anfang von Nestlés strategischer Neuausrichtung.

Stärkung der Ertragskraft Das erste unter Brabecks Leitung lancierte Programm diente der Senkung der Rohstoff- und Verpackungskosten, sowie der Optimierung der Produktionsprozesse. Zwischen 1997 und 2002 wurden im Zuge dieser Initiative 165 Fabriken geschlossen und Einsparungen von 4 Mrd. Schweizer Franken generiert. Als unmittelbares Nachfolgeprogramm wurde 2002 die Initiative Target 2004+ lanciert, um den Transfer von ‚Best Practices' zur weiteren Optimierung der Produktionsabläufe zu fördern. Mit diesem Programm wurden bis 2004 weitere Einsparungen in der Höhe von 3 Mrd. Schweizer Franken erwirtschaftet. Die darauffolgende Initiative Operation Excellence 2007 hatte unter anderem die Ziele, die Produktivität der Wertschöpfungskette zu erhöhen, Überkapazitäten abzubauen und die Produktkomplexität zu reduzieren.

Das in der damaligen Geschichte des Konzerns unbestritten bedeutendste Transformationsprogramm wurde im Jahr 2000 lanciert: das Global Business Excellence (GLOBE) Projekt. GLOBE hatte neben einer Reihe strategischer Initiativen vor allem das Ziel, durch eine globale Integration des gesamten Konzerns die operative Effizienz wesentlich zu verbessern. Die wichtigsten Maßnahmen waren die Standardisierung elektronischer Daten und die Vereinheitlichung des konzernweiten

Informationssystems. Bis Ende 2006 hatte GLOBE Einsparungen in Höhe von 3 Mrd. Schweizer Franken ermöglicht. Die operativen Kosten des Unternehmens sanken im Vergleich zum Umsatz von 51,2 % in 1997 auf 41,3 % in 2006.

Insgesamt erwirtschafteten die Effizienzinitiativen Einsparungen von mehr als 12 Mrd. Schweizer Franken. Zwischen 1997 und 2006 stieg Nestlés Marge von 5,7 auf 9,3 %, und der Free Cashflow konnte sogar verdoppelt werden.

Neues Wachstum in profitablen Märkten Durch die im Rahmen der Effizienzsteigerungsprogramme generierten finanziellen Mittel konnte das organische Wachstum Nestlés wieder belebt werden. Auf der Suche nach neuen profitablen Optionen wurde man frühzeitig auf den aufkommenden Trend für Wellness- und Gesundheitsprodukte aufmerksam. Um das Wachstumspotenzial dieses Marktes auszuschöpfen, gründete man zwei neue Unternehmenseinheiten, die Corporate Wellness Unit und die Nestlé Nutrition Unit.

Die Corporate Wellness Unit verankerte die Aspekte Gesundheit und Wellness im bereits bestehenden Produktportfolio. Die neue Unternehmenseinheit arbeitete bereichsübergreifend und war organisatorisch direkt an die Unternehmensleitung angegliedert. Ziel der Einheit war es, innerhalb angestammter Produktkategorien den Kundennutzen bestehender Produkte durch den Zusatz von Gesundheits- und Wellness-Elementen zu erhöhen. Diese Zusatzstoffe verbessern beispielsweise die Verdauung, stärken das Immunsystem, erhöhen die physische und mentale Kraft oder unterstützen die Gewichtsreduktion. Bis 2005 wurden mehr als 700 Produkte solche so genannten Branded Active Benefits beigefügt.

Ziel der Nestlé Nutrition Unit war es dagegen, das Geschäft im Bereich der klinischen Nahrungsmittel zu stärken. Diese Gruppe von Nahrungsmitteln erfüllt vorrangig die physiologischen Bedürfnisse von Kleinkindern, Sportlern und Patienten. Der Geschmack ist zweitrangig. Nestlé investierte etwa ein Fünftel seines gesamten Forschungsetats in derartige Produkte, die oftmals langjährige wissenschaftliche Grundlagenforschung erforderten. Durch die organisatorische Selbstständigkeit dieser Einheit wurde sichergestellt, dass sich das innovationsintensive Produktportfolio unabhängig von Beeinflussungen des Restkonzerns entwickeln konnte.

Neben diesen beiden Geschäftseinheiten nutzte Nestlé Joint Ventures, um den Einstieg in den neuen Markt für Gesundheits- und Wellnessprodukte zu beschleunigen. In Zusammenarbeit mit L'Oréal erschloss man beispielsweise den Markt für so genannte Nutri-Kosmetika. Unter dem Markennamen Inneov wurden völlig neuartige Produkte entwickelt, die durch Beigabe verschiedener Nährstoffe die Qualität von Haut, Haaren und Nägeln verbessern.

Der Aufbau dieser neuen Geschäftseinheiten und der damit verbundene Eintritt in den Markt für Gesundheit und Wellness hatten massgeblichen Anteil an Nestlés Erfolg in den nächsten Jahren. Der Umsatz der mit Branded Active Benefits angereicherten Produkte stieg von 200 Mio. Schweizer Franken im Jahr 1998 auf 3,8 Mrd. im Jahr 2006. Darüber hinaus leisteten diese Produkte durch hohe Gewinnmargen einen bedeutenden Beitrag zur Verbesserung der Konzernmarge.

Um das organische Wachstum Nestlés zu beschleunigen, wurde darüber hinaus die Innovationskraft des Konzerns ausgebaut. Trotz einer bereits führenden Stellung im Bereich der Forschung und Entwicklung im Nahrungsmittelsektor waren der Erhalt und die Förderung dieser Kernkompetenz für die erfolgreiche Umsetzung des organischen Wachstumsziels von zentraler Bedeutung. Ziel von Nestlés Forschungsabteilungen war es von nun an, mindestens ein Fünftel des gesamten Portfolios jährlich zu erneuern. Zur Erreichung dieses ehrgeizigen Ziels wurden ineffiziente Forschungs- und Entwicklungsabteilungen geschlossen, und die dadurch frei gewordenen Ressourcen auf Abteilungen umverteilt, die über ausgezeichnetes technisches Know-how verfügten.

Insbesondere trugen aber drei organisatorische Änderungen dazu bei, Nestlés Forschungs- und Entwicklungsfähigkeiten nachhaltig zu steigern: Um wissenschaftliche Konzepte aus der Grundlagenforschung des Konzerns schneller in vermarktbare Produkte umsetzen zu können, wurden so genannte Product Technology Centers gegründet. Diese Zentren waren eng mit Nestlés strategischen Geschäftseinheiten verbunden und in den wichtigsten Märkten des Konzerns angesiedelt. Vor allem sollten dadurch die Produktentwicklung besser auf die tatsächlichen Bedürfnisse der Kunden ausgerichtet werden.

Aufgabe der Local Application Center war es dagegen, in einem weiteren Schritt Nestlés Produkte an lokale Gegebenheiten anzupassen. Denn einerseits sollten die sich im Konzern bietenden Synergieeffekte global realisiert werden, um Entwicklungskosten zu senken. Andererseits jedoch wollte man mit lokalen Anpassungen den unterschiedlichen Marktanforderungen besser gerecht werden. So gab es zum Beispiel weltweit über 100 lokale Varianten des Instant-Kaffees Nescafé.

Zur Verbesserung der Kommunikation zwischen Nestlés Forschungs- und Entwicklungsabteilung und dem Restkonzern wurden drittens die so genannten Clusters eingeführt: Projektstrukturen, die den Austausch zwischen Forschern und Produktverantwortlichen aus unterschiedlichen Divisionen ermöglichten. Innerhalb dieser Cluster wurden gemeinsame Innovationsinitiativen angestoßen. So konnten erhebliche Synergien realisiert und die Produktentwicklungszeiten reduziert werden. Darüber hinaus ermöglichten diese Strukturen die Einbindung unterschiedlicher Abteilungen in den Entwicklungsprozess, um auch deren Anforderungen rechtzeitig Rechnung tragen zu können.

Akquisition als Motor für organisches Wachstum Trotz einer klaren Priorisierung und Fokussierung auf organisches Wachstum investierte Nestlé nach wie vor auch in externes Wachstum. Allerdings nutzt man Akquisitionen nicht vorrangig, um Umsätze einzukaufen, sondern um die Fähigkeit des Konzerns zum weiteren organischen Wachstum gezielt zu steigern.

So diente zum Beispiel die Akquisition des amerikanischen Diätkonzerns Jenny Craig im Juni 2006 als Sprungbrett für neues organisches Wachstum im Segment Gesundheit und Wellness. Nestlé konnte so seine Präsenz in einem Markt mit überdurchschnittlichen Margen stärken und erreichte zugleich eine ausreichende Größe, um sich zukünftig organisch weiter zu entwickeln.

Darüber hinaus investierte der Konzern in eine Reihe kleinerer Unternehmen, mit dem Ziel, spezifisches Know-how für den Eintritt in neue Produktsegmente zu erwerben. Konkret wurden hierzu zwei Venture Funds gegründet, der Life Ventures Fund und der Nestlé Growth Fund. Der Life Ventures Fund investierte in Start-up-Unternehmen im Bereich Gesundheit und Wellness, um dort Zugang zu technologischen Neuerungen zu erhalten. Ziel war es, das Know-how dieser Unternehmen in Nestlés Forschungs- und Entwicklungsbereich zu integrieren, um so den Innovationsprozess zu beschleunigen. Durch eine klare Trennung vom Restkonzern war dieser Fonds besser als interne Forschungsbereiche in der Lage, auf schwache Signale im Markt zu reagieren. Der Nestlé Growth Fund investierte in Unternehmen, deren Produkte sich bereits knapp vor der Markteinführung befanden. Nestlé unterstützte diese Unternehmen vor allem bei der Vermarktung ihrer Produkte.

Die unternehmerische Balance Die grundlegende Herausforderung bei nachhaltig profitablem Wachstum liegt darin, das langfristige Bestehen des Unternehmens zu sichern, ohne den kurzfristigen operativen Erfolg aus den Augen zu verlieren. Peter Brabeck beschreibt diese unternehmerische Balance: „Als Topmanager müssen wir eine Vision haben, welche sicherstellt, dass das Boot auf Kurs bleibt. Innerhalb dieser Vision müssen die einzelnen Teile des Unternehmens beinahe automatisch die richtige Balance finden können. Wir müssen vergangene Erfahrungen verstehen und von ihnen lernen, während wir uns auf die Durchführung aktueller Aufgaben konzentrieren und gleichzeitig die Zukunft gestalten".

Um Nestlés organisches Wachstum anzukurbeln, arbeitete man deshalb an zwei Fronten. Zum einen fokussierte die Unternehmensführung ihre Tätigkeit auf die konstante Steigerung der operativen Effizienz. Zum anderen trugen eine Reihe strategischer und organisatorischer Änderungen dazu bei, die Innovationskraft zu stärken: Im Bereich der Prozessinnovation legten die Effizienzsteigerungsprogramme den Grundstein für die Wiederbelebung des organischen Wachstums. Sowohl im operativen als auch im administrativen Bereich konnten signifikante Einsparungen erzielt und Prozessabläufe optimiert werden. Ein Teil der durch diese Initiativen generierten Mittel wurden in der Folge in Produktinnovation reinvestiert. Zwischen 1997 und 2006 verdoppelte sich dadurch Nestlés Forschungsetat. Zusätzlich wurden zwei Fonds gegründet, welche gezielte Investitionen tätigten, um Nestlés Innovationskraft weiter zu steigern.

Während sich das Hauptaugenmerk des Unternehmens über die Jahre von Prozess- zu Produktinnovation verlagerte, wurden die Maßnahmen zur Steigerung der Effizienz zu keiner Zeit vernachlässigt. Auf jedes abgeschlossene Effizienz-Steigerungsprogramm folgte umgehend ein Nachfolgeprojekt. So erhielt man einen Mittelfluss aufrecht, der direkt in die Produktinnovation reinvestiert werden konnte. Dadurch wurde nicht nur das organische Wachstum, sondern auch die Profitabilität des Unternehmens erheblich gesteigert. Das Beispiel zeigt sehr gut auf, wie sich Prozess- und Produktinnovation wechselseitig verstärken müssen, um nachhaltig organisches Wachstum zu ermöglichen.

Die klare Zielvorgabe für Nestlés Forschungs- und Entwicklungsabteilungen, ein Fünftel des gesamten Produktportfolios jedes Jahr zu erneuern, war für die Wiederbelebung des organischen Wachstums von großer Bedeutung. Die Produktinnovation – die Entwicklung völlig neuartiger Produkte – sicherte dabei vor allem die zukünftige Entwicklung des Konzerns. Besonders hervorzuheben waren hier die Aktivitäten des Life Ventures Fund sowie das Joint Venture Inneov mit L'Oréal. Gleichzeitig wurde die Renovation, die graduelle Erneuerung und Verbesserung des bestehenden Produktportfolios, vorangetrieben. Die Gründung der Corporate Wellness Unit reflektiert diese Bestrebungen am eindrücklichsten.

Trotz der klaren Ausrichtung auf organisches Wachstum investierte Nestlé auch weiterhin in externes Wachstum, um gezielt Know-how hinzu zu kaufen.

Im Jahr 2006 erwirtschaftete Nestlé einen Umsatz von 98 Mrd. Schweizer Franken und einen Rekordprofit in Höhe von 9 Mrd. Schweizer Franken. Brabecks Philosophie der unternehmerischen Balance zwischen kurzfristigen und langfristigen Maßnahmen der Unternehmensentwicklung führte bei Nestlé eine lange Tradition langfristig orientierter und nachhaltiger Unternehmensführung fort. Im Jahr 2008 trat Brabeck von seiner Position als Vorstandschef zurück. Die wichtigste Herausforderung für seinen Nachfolger beschrieb Luis Cantarell, damaliger Executive Vice President von Nestlé Europa, eindrücklich: „Ich denke, die grösste Herausforderung ist eine Frage der Einstellung. Die Menschen bei Nestlé dürfen ihre Aufgaben nicht als erledigt betrachten. Wir müssen dafür sorgen, dass die Mitarbeiter bei Nestlé permanent darüber nachdenken, wie sie zum Unternehmenswachstum beitragen können, denn Wachstum ist die Basis von allem, was wir tun".

4.2.7 Fallbeispiel Starrag Group: Vom Maschinenbauer zum hochspezialisierten Technologie-Anbieter in Nischenmärkten

Die Starrag Gruppe ist ein technologisch weltweit führender Anbieter von Werkzeugmaschinen zum Bohren, Drehen, Fräsen und Schleifen von mittleren bis großen Werkstücken aus Metall und Verbundwerkstoffen. Die heutige Firmengruppe mit Hauptsitz in der Schweiz entstand in den letzten 20 Jahren durch den Zukauf von Unternehmen durch die börsennotierte damalige Starrag AG.

Die Wurzeln der Starrag AG liegen im klassischen Maschinenbau. Bereits in den 1950er Jahren produzierte das Unternehmen Fräsmaschinen zur Herstellung von Turbinenschaufeln für die Flugzeug- und Energieindustrie. Die Innovationskraft des Unternehmens zeigte sich erstmals in den 1970er Jahren, als es die ersten computergesteuerten Maschinen für Turbinenschaufeln und später auch die dazu notwendige Software für die Entwicklung der Turbinenteile programmierte. 1998 übernahm Starrag AG die Heckert Werkzeugmaschinen GmbH aus Chemnitz, Deutschland, eine Herstellerin von Standardmaschinen. 2010 erfolgte die Akquisition der deutschen Dörries-Scharmann Gruppe, 2012 konnte die schweizerische Bumotec AG erworben werden.

Externe Veränderungen bedingen inhaltliche Neudefinition der Grundstrategie
Die strategische Entwicklung von Starrag AG verlief evolutionär. Aufgrund ihres Erfolges in der Energie- und Flugzeugindustrie und der damit wachsenden Nachfrage entfaltete sich das Unternehmen immer stärker zum Anbieter von technologisch hochwertigen Maschinen. Da die Kunden von solchen Maschinenherstellern zunehmend Gesamtlösungen erwarteten, transformierte sich Starrag bereits früh zum Systemanbieter. Ab den 70er Jahren setzte das Unternehmen nicht nur auf den Bau der Werkzeugmaschinen. Sondern der Kunde erhielt auch die für die Entwicklung und Herstellung der Teile notwendige Technologie wie zum Beispiel Software. Ferner wurden Service-Stellen lokal bei Kunden angesiedelt. Die für die damalige Zeit ausgesprochen weitsichtige Kombination dieser drei Elemente bildet heute noch die Grundstrategie (vgl. Abb. 4.28).

Allerdings: Was damals als innovativ galt, ist in den letzten Jahrzehnten bei anderen Anbietern ebenfalls selbstverständlich geworden. Deshalb prägte Starrag über die Jahre seine Grundstrategie inhaltlich neu aus. Im Jahr 2000 wurde die bis heute gültige Strategie formuliert. Ihre Grundzüge lassen sich so skizzieren: Starrag zieht sich aus den von Massen umkämpften Standard- und Tief-Präzisions-Segmenten zurück. Stattdessen fokussiert es auf Nischen in den hochpreisigen Ultra- und Hoch-Präzisions-Segmenten mit den Bestrebungen sich über Techno-

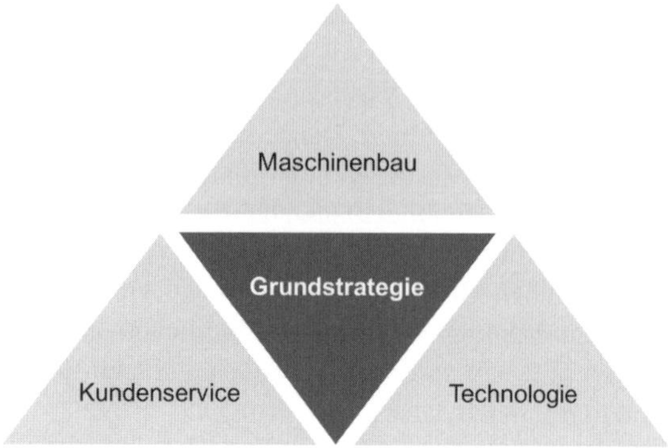

Abb. 4.28 Die drei Elemente der Grundstrategie der Starrag AG

logieführerschaft, einer noch stärkeren Profilierung als Systemanbieter und der damit einhergehenden vertieften Kundenorientierung von Mitbewerbern zu differenzieren und weiter zu wachsen. Gleichzeitig baut es seine Marken weiter zu Premium-Brands aus. Aus der Art, wie diese Strategie umgesetzt und gelebt wird, lassen sich verschiedene Erkenntnisse über Strategie-Arbeit gewinnen. Diese werden nun erläutert.

Die Bezeichnung Gesamtlösungs-Anbieter macht noch keinen Gesamtlösungs-Anbieter Um den Kunden massgeschneiderte Lösungen zu offerieren, braucht es Zeit, um entsprechendes Denken und Handeln bei den Mitarbeitenden, in den Strukturen und in der Kultur zu verankern. Dank der in weiter Voraussicht entwickelten Grundstrategie hat das Gesamtlösungskonzept bei Starrag eine langjährige Tradition. Die Unternehmenskultur, die Strukturen und das Selbstverständnis waren und sind dadurch zutiefst geprägt. So konnte die Unternehmensidentität kontinuierlich gestärkt werden und der Organisation eine Grundstabilität geben. An dieser strategischen Leitlinie wurden auch die Akquisitionskandidaten gemessen und bewertet.

Das verschafft Starrag einen Vorteil gegenüber anderen Unternehmen im Maschinenbau: Denn heute bezeichnen sich viele von ihnen als Systemanbieter. Jedoch können nicht alle die damit verbundenen Ansprüche erfüllen, sondern bieten trotzdem nur wenige, einzelne Produkte an. Üblicherweise setzen die Hersteller bei den Anforderungen an, die die Kunden an die Maschinen definiert haben.

Starrag hingegen ermöglicht die Kombination von Maschinenhersteller-, Technologie- und Service-Kompetenz, mit seinem Kunden wirklich individuelle Lösungen zu entwickeln. Starrag setzt dazu beim Endprodukt an. Gemeinsam mit dem Kunden definiert es, welche Teile und Teilefamilien benötigt werden, was diese leisten sollten und wie sie möglichst effizient und präzise hergestellt werden können. Die Lösung wird dann zum Beispiel in Form eines Lohnauftrages oder eines Versuchs optimiert. Danach erst wird die Maschine definiert.

Ferner bietet Starrag Kunden ein umfassendes Technologie-Portfolio an. Dieses beinhaltet u. a. Entwicklungs-Dienstleistungen, spezielle Werkzeug-Lösungen, eigens entwickelte Software und die Nutzung der Center of Production Excellence. In diesem stehen Maschinen für Vorführungen und Engineering-Arbeiten zur Verfügung. Sind Kunden mit ihrer Produktion überlastet, können sie Teile an das Center auslagern. Das Center testet für sie außerdem die Produktion neuer Teilefamilien und hilft ihnen bei der Optimierung.

Eine Nischenstrategie ist sehr eng zu definieren Anhand von Starrag lässt sich erkennen, was eine echte Nischenstrategie ist und welche konsequenten Entscheidungen dazu notwendig sind. Die ursprüngliche Strategie wurde im Jahre 2005 formuliert. Im Rahmen der Strategie-Entwicklung im Jahr 2011 verfeinerte Starrag zugleich seine Vision:

> Starrag is a collection of premium brand in high performance and precision milling technology. It is a system provider, operating world-wide, developing and installing superior products for its customers, supported by a comprehensive range of industrial services and technology offerings.

Bislang hatte Starrag Fräsmaschinen sowohl für das preissensitive Standard-Präzisions-Segment als auch für die Ultra- und Hoch-Präzisions-Segmente produziert. Zwar war das Standard-Segment aufgrund des Auftragsvolumens interessant, doch Starrag hatte dazu nicht die kompetitiven Lösungen. Die Margen waren tief. Mit den Begriffen in der Vision wie „premium brand" „high performance" und „precision milling technology" steckte das Unternehmen sein Tätigkeitsfeld nun klar ab. Es verkauft ausschließlich höchst anspruchsvolle, sehr exakt arbeitende Fräs-, Dreh- und Schleiftechnologien. Damit bedient Starrag nur noch hochpreisige Ultra- und Hoch-Präzisions-Segmente (vgl. Abb. 4.29). Diese Marktsegmente sind zwar sehr klein, als Ausgleich sind jedoch die Kunden relativ weniger preissensitiv und es gibt weniger Mitbewerber. Denn die Segmente verlangen eine hohe Wissensintensität, eine deutlich höhere Einstiegshürde als bei den Standard- und Tief-Präzisions-Segmenten, in denen vor allem Mitbewerber aus Asien ihre Produktionskosten-Vorteile ausspielen können.

Allerdings: Erst eine Fokussierung auf ausgewählte Zielgruppen in diesen Marktsegmenten erlaubte eine produktive Leistungserbringung auf höchstem Präzisions- und Produktivitäts-Niveau. Starrag konzentrierte sich deshalb auf die

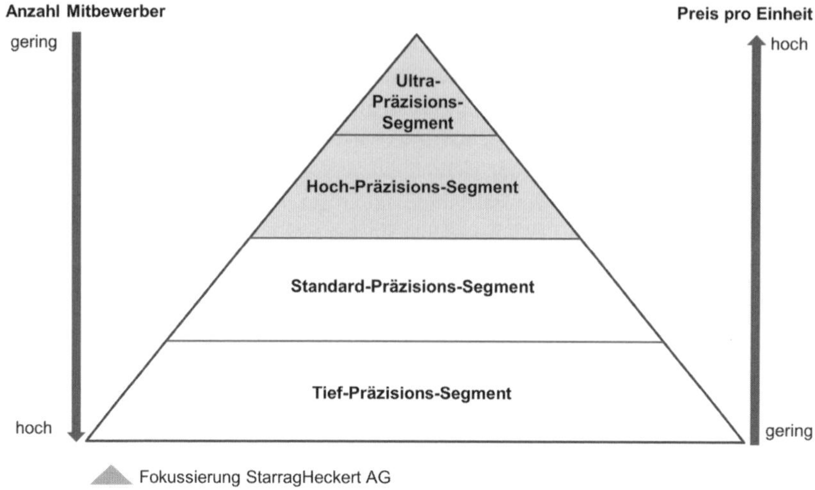

Abb. 4.29 Marktsegmentierung im Werkzeugmaschinenbau

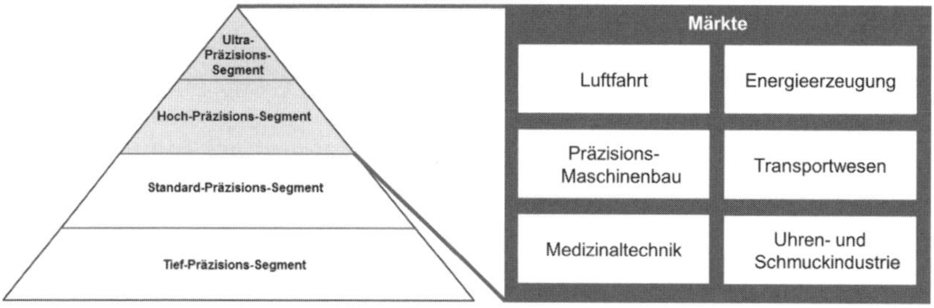

Abb. 4.30 Nischen-Fokussierung von Starrag

Zielgruppen Luftfahrt, Energieerzeugung, Präzisions-Maschinenbau und Transportwesen, 2012 kamen dann noch die Medizinaltechnik und die Uhren- und Schmuckindustrie hinzu (vgl. Abb. 4.30). Damit vollzog Starrag endgültig den Schritt zum Spezialisten respektive Nischenanbieter und grenzte sich konsequent von Massenherstellern in den mittleren und unteren Segmenten ab.

Leidensdruck bringt Schwung in das Strategie-Papier Papier ist geduldig. Um etwas zu bewegen, braucht es oft einen starken Leidensdruck. Das war auch bei

Starrag nicht anders. Zwar hatte das Unternehmen bereits im Jahr 2000 die Strategie und die Vision formuliert, und im Gegensatz zu vielen anderen verfügte es bereits über die passende und stützende Kultur und Struktur. Die Strategie wurde trotzdem noch nicht konsequent umgesetzt. Es musste erst zu einer Krise kommen.

Aufgrund diverser weltpolitischer und -wirtschaftlicher Ereignisse – dem Terroranschlag auf die World Trade Centers im September 2001, die Nachwehen der geplatzten DotCom-Blase, die Irak- und Afghanistankriege, dem Abbau von Handelshemmnissen durch die WTO – erlebte Starrag ab 2001 zunehmend schwierigere Marktverhältnisse. Das Umsatzvolumen brach ein. Das führte dazu, dass Starrag seine Strategie nun konsequent implementierte. Das Unternehmen restrukturierte sich: Es zog sich aus dem seit längerem nicht mehr rentablem Standard-Präzisions-Segment zurück und stieß in die Hochpreissegmente vor. Zwar verringerte Starrag dadurch zunächst noch einmal sein Umsatzvolumen. Das Risiko war jedoch kalkuliert. Die ausgewählten Nischen verfügten über ein starkes Wachstumspotenzial. So schaffte es schließlich den Turnaround.

Gezielte Unternehmens-Akquisitionen als Strategie-Beschleuniger Zur raschen Umsetzung der Nischenstrategie setzte Starrag auch auf anorganisches Wachstum: Mit gezielten Akquisitionen von hochspezialisierten Unternehmen stärkte es seinen Anspruch der Technologieführerschaft in den gewählten Märkten. Zunächst kaufte es zum Ausbau seiner Technologiekompetenz im Jahr 2005 das britische Software-Unternehmen TTL (Toolroom Technology Ltd). Ein Jahr später erwarb es SIP (Société d'Instruments de Précision SA), einen Hersteller von Höchst-Präzisions-Maschinen mit Sitz in Genf-Cointrin, Schweiz. Dieses Unternehmen steht für technisch höchstmögliche Präzision in der Fertigungstechnologie und unterstützte damit die Fokussierung auf die Ultra- und Hoch-Präzisions-Segmente. 2011 akquirierte es den Mitbewerber Dörries Scharmann (DST), einen weltweit tätigen Werkzeugmaschinenhersteller. DST ist wie Starrag als Gesamtlösungs-Anbieter für das obere Qualitätssegment in denselben Zielmärkten tätig. Sein Produktsortiment ergänzt jedoch dasjenige von Starrag zu 90 %. Die Kunden können so noch umfassender bedient werden. Mit dieser Übernahme konnte Starrag das Geschäftsvolumen beinahe verdoppeln. 2012 wurde mit der in der Uhrenindustrie und in der Medizinaltechnik aktiven Bumotec eine Akquisition in zwei weitere stetig wachsende Zielmärkte vorgenommen.

Organisationsstrukturen stärken die Kundenorientierung Üblicherweise sind Unternehmen im Maschinenbau nach Produkten strukturiert. Zur Stärkung seiner Markt- und Kundenorientierung entschied sich Starrag, seine Strukturen neu auszurichten. Anstatt wie früher die Kunden aufgrund ihrer geographischen Lage jeweils einer Business Unit zuzuordnen, werden die Kunden nun von Business Units betreut, die in den Zielmärkten der Gruppe spezialisierte, führende Lösungsanbieter sind. Für die erste Business Unit im Flugzeugbau sind dies die Kompetenzzentren Aluminium, Titan und Verbundwerkstoffe, je nach Bauweise des Flugzeugs. Die notwendige Cross-Selling Kompetenz der Gruppe wird durch einen kundennahen, technisch starken Regionalvertrieb gewährleistet. So stellte Starrag sicher, dass Kunden sowohl ihren gewohnten Ansprechpartner behielten als auch geeignete Problemlösungen erhielten. Bei Projekten, die Produkte aus mehreren Business Units beinhalten, kann der Kunde weiterhin auf seine bewährten und vertrauten Ansprechpartner setzen.

Aufgaben, die nicht markt- oder anwendungsspezifisch waren, fasste Starrag in Zentralfunktionen zusammen. Dadurch realisierte es gruppenweit Synergiepotenziale, die bereits seit der Akquisition 1998 von der Firma Heckert bestanden hatten. Die Zentralisierung von Querschnittsfunktionen machte sich bezahlt und ermöglichte eine kostengerechte Integration der akquirierten Unternehmen.

Der Erfolg einer Modularisierung hängt von ihrer Attraktivität für die Standorte ab Um die Produktionskosten zu senken, forcierte Starrag die Standardisierung seiner Produkte. Der ursprüngliche Plan, Maschinen basierend auf Plattformen herzustellen, entwickelte sich zu einem Modulbaukasten-Konzept. Die einzelnen Standorte erhielten den Auftrag, sich auf bestimmte Module zu spezialisieren. Pro Modul gab es so in der Gruppe jeweils nur einen spezialisierten Standort, der verantwortlich war für dessen Design, den Einkauf und die Fertigung. Diese Exklusivität gewährleistete zum einen, dass die anderen Standorte dessen Module benutzen. Zum anderen bot dies den Standorten wiederum Anreize, sich zu spezialisieren.

Das zeigt: Wenn in einer Unternehmensgruppe erfolgreich mit Modulen gearbeitet werden soll, sollte jeweils nur ein Standort über die Kompetenzen für einzelne Module verfügen. Der Modulbaukasten muss ferner für alle Standorte attraktiv sein.

Die rigorose Umsetzung einer Strategie macht sich bezahlt Heute profiliert sich Starrag als Systemanbieter in seinen Nischenmärkten mit einem umfassenden Angebot an technologisch hoch entwickelten Präzisionsfräsmaschinen, produktivitätssteigernden Softwarepaketen, Engineering- und Prozessoptimierungslösungen sowie einem umfangreichen Sortiment an Spezialwerkzeugen. Seine Kunden sind vornehmlich international oder global agierende finanzstarke Großfirmen, die ihre Fertigungseinrichtungen im 24-Stunden-Betrieb nutzen. Damit hat sich das Unternehmen zum Technologie-Konzern mit schwer nachahmbaren strategischen Erfolgspositionen weiterentwickelt: Nur wenige andere Mitbewerber bieten zum Beispiel Software mit an. Spezifische, zusätzliche Werkzeuge zur Bearbeitung von

Turbinenschaufeln auf Fräsmaschinen bietet weltweit nur Starrag an. Die Größe der Gruppe erlaubt zudem eine gemeinsame Entwicklung von Softwarelösungen für die präventive Wartung der hohen Maschineninvestitionen und bildet die Grundlage für weiteres Wachstum im margenstarken und krisenresistenteren Kundendienstsektor.

Das schlägt sich im Marktanteil nieder: 2011 verfügte Starrag über Anteile von minimal 20 % in seinen sechs definierten Zielmärkten. In einigen Märkten lag der Marktanteil der Gruppe gar zwischen 30 und 50 %.

Kurzcheck Strategie

- Wo sollte Ihre Organisation zukünftig wie wachsen?
- Mit welchen Leistungen möchte Ihre Organisation zukünftig welche Märkte bedienen?
- Auf welche Wettbewerbsvorteile wollen Sie die Strategie begründen?
- Welche Möglichkeiten zur Verbesserung des Wertschöpfungssystems kommen für Ihre Organisation in Frage?
- Welche Strategie-Möglichkeiten ergeben sich aus der Kombination dieser Dimensionen?

4.3 Strategie-Beurteilung

Die in Abschn. 4.2.5 entwickelte Strategie ist zum einen darauf hin zu untersuchen, ob sich ihre Umsetzung für die Organisation rechnet: Falls sich zeigt, dass die vorgegebenen finanzwirtschaftlichen Ziele nicht erreicht werden können, ist die Strategie zu überarbeiten. Ansonsten legt diese Prüfung die Grundlagen, um die Strategie-Umsetzung vorausschauend zu planen und finanzielle Risiken substanziell zu reduzieren. Zum anderen ist die Strategie nach qualitativen Kriterien zu beurteilen: Trägt sie der Struktur und der Kultur einer Organisation genügend Rechnung?

Die finanzielle Prüfung basiert auf Prognosen. Wo diesen nur wenig Datenmaterial zugrunde gelegt werden kann, helfen Schätzungen. Denn entscheidend ist die Größenordnung, nicht das letzte Detail. Gemeinhin wird zwischen drei Szenarien unterschieden: einem *best*, einem *worst* und einem *realistic case*. Im Folgenden werden einige Prüfverfahren kurz präsentiert. Empfehlenswert ist es, zur quantitativen Beurteilung den Finanzexperten hinzu zu ziehen.

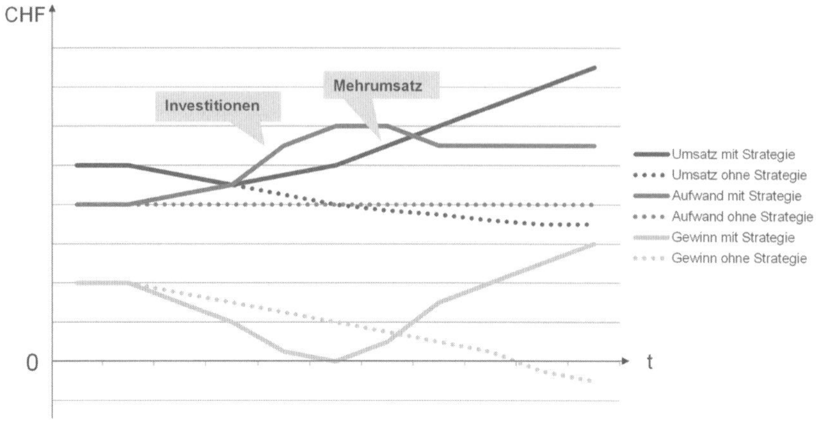

Abb. 4.31 Planerfolgsrechnung mit und ohne Strategie

Die Planerfolgsrechnung ist eine zukunftsgerichtete Erfolgsrechnung. In dieser werden die geschätzten Aufwände und die erwarteten Umsätze im Zeitverlauf gegenüber gestellt. Daraus lässt sich schließen, wie sich der finanzielle Gewinn entwickeln wird. Während der Aufwand eher aus der Innensicht betrachtet wird, braucht es für die Umsatzschätzung die Marktsicht: Wie groß ist das zukünftige Marktpotenzial? Mit welchen Kunden können Umsätze realisiert werden?

Beispielsweise kann ein *realistic case*-Verlauf wie in Abb. 4.31 aussehen: Da strategisch wichtige Investitionen getätigt wurden, die abgeschrieben werden müssen, steigt der Aufwand zunächst überproportional. Der Umsatz wächst zwar, aber weniger stark. Daraus resultiert in der ersten Zeit ein Gewinnrückgang. Bei einer erfolgreichen Strategie stabilisiert sich jedoch der Aufwand wieder, und der Umsatz schwillt weiterhin an. Die Organisation kann schließlich Gewinne verzeichnen.

Die Planbilanz schätzt die zukünftige Entwicklung der Vermögens- und Kapitalsituation. Sie zeigt auf der Aktivseite, wie sich das Firmenvermögen im Planungszeitraum bis zu den jeweiligen Bilanzstichtagen verhält. Daraus lässt sich beispielsweise der Liquiditätsgrad ermitteln. Auf der Passivseite der Planbilanz werden die erwarteten Verbindlichkeiten und die Höhe des Eigenkapitals aufgeführt. Dabei ist besonders die Eigenkapitalquote, also der Eigenkapital-Anteil am Gesamtkapital, als wesentlicher Treiber für die Eigenkapitalrentabilität aufschlussreich. Aufgrund der mit der Strategie-Umsetzung verbundenen Investitionen kann es sein, dass diese erst sinkt und dann wieder steigt.

Die Liquiditätsplanung betrachtet die Zahlungsströme mit einem Prognosezeitraum von weniger als einem Jahr. Sie fasst alle erwarteten ein- und ausgehenden Zahlungen zusammen. Anhand ihr lässt sich überschlagen, ob eine Organisation im nächsten Jahr fähig sein wird, ihre Verbindlichkeiten zu bedienen. Gleichfalls erschließt sich, ob die Strategie zu einer höheren Liquidität führt.

Mit einer Investitionsrechnung werden die erwarteten Auswirkungen der Investitionen, die in der Strategie-Umsetzung vorgesehen sind, skizziert: Denn einerseits binden Investitionen erhebliche finanzielle Mittel über einen längeren Zeitraum, die dann anderweitig nicht mehr zur Verfügung stehen. Andererseits ermöglichen sie Renditen auf investiertes Kapital.

Die qualitative Beurteilung stützt sich auf das in Kap. 3 erarbeitete Netzwerk. Sie prüft, ob die Strategie die durch die aktuellen Strukturen und die Kultur gesetzten Möglichkeiten und Grenzen berücksichtigt und an ihnen ansetzt, zum Beispiel anhand folgender Gesichtspunkte:

- Strategische Lenkungseingriffe sollten die Geschäftslogik sowie die unterschiedlichen Lenkungsaspekte berücksichtigen: Dazu sollte eine Strategie an verschiedenen Faktoren ansetzen, und zwar vornehmlich an denen, die als „aktiv" beurteilt werden
- Die positiven Kräfte und Stärken sowie die Eigendynamik des Systems zur Erzielung von Synergieeffekten sind zu nutzen
- Angesichts etwaiger Abhängigkeiten von den nicht lenkbaren Faktoren im Netzwerk muss die Strategie genügend flexibel und anpassungsfähig sein
- Eine Strategie sollte ein harmonisches Gleichgewicht zwischen Bewahrung und Wandel finden
- Sie sollte den Erwartungen und Vorstellungen der wesentlichen Anspruchsgruppen Rechnung tragen sowie die übergeordneten strategischen Vorgaben konkretisieren

Aufgrund der Beurteilung der Strategie ist sie gegebenenfalls anzupassen.

Kurzcheck Strategie-Beurteilung

- Welches werden in den nächsten drei Jahren Ihre zentralen Umsatzträger sein?
- Welche finanziellen Mittel werden Sie für die Strategie-Umsetzung benötigen?
- Wird die Liquidität Ihrer Organisation in der Phase der Strategie-Umsetzung gesichert sein?

- Setzt die Strategie an mehreren lenkbaren Faktoren im Netzwerk gleichzeitig an?
- Spricht die Strategie vorzugsweise die aktiven und – mit Vorsicht – die kritischen Faktoren im Netzwerk an?
- erschließt die Strategie viele Synergiepotenziale?
- Führt die Strategie zu einer gesunden Mischung zwischen Sicherheit und Herausforderung, Stabilität und Veränderung?
- Welche Ergebnisse der Strategie-Beurteilung könnten Ihre Vorgesetzten kritisch beurteilen? Welches sind Ihre überzeugenden Argumente in Bezug auf heikle Punkte?

Literatur

1. Ansoff, H. I. (1965). *Corporate strategy*. New York: McGraw-Hill Inc.
2. Berekoven, L., Eckert, W., & Ellenrieder, P. (2009). *Marktforschung: Methodische Grundlagen und praktische Anwendung* (12. Aufl.). Wiesbaden: Gabler.
3. Ferlic, F., Gomez, P., & Raisch, S. (2009). Wie Ihr Unternehmen gesund wächst. *Harvard Business Manager, 31*(10), 104–115.
4. Kaplan, A. M., & Haenlein, M. (2010). Users of the world, unite! The challenges and opportunities of Social Media. *Business Horizons, 53*(1), 59–68.
5. Kirby, J. (2013). Kampagnen mit Wow-Effekt. *Harvard Business Manager, 4,* 49–55.
6. Langer, M.-A. (2013). Geschmacks-Sachen. *NZZ Equity, 4,* 44–47.
7. Porter, M. E. (2010). *Wettbewerbsvorteile: Spitzenleistungen erreichen und behaupten* (7. Aufl.). Frankfurt a. M: Campus.
8. Porter, M. E. (2013). *Wettbewerbsstrategie: Methoden zur Analyse von Branchen und Konkurrenten* (12. Aufl.). Frankfurt a. M: Campus.
9. Probst, G., & Raisch, S. (2004). Die Logik des Niedergangs. *Harvard Business Manager, 26*(3), 37–45.
10. Probst, G., Raisch, S., & Ferlic, F. (2008). Unternehmerische Balance – Nestlés organisches Wachstum in reifen Märkten. *Zeitschrift Führung + Organisation, 77*(3), 170–176.
11. Raisch, S., Probst, G., & Gomez, P. (2010). *Wege zum Wachstum* (3. Aufl.). Wiesbaden: Gabler.
12. Ringland, G. (2006). *Scenario planning for the future* (2. Aufl.). West Sussex: Wiley.
13. Wilson, H., et al. (2011). What is your social media strategy? *Harvard Business Review, 89*(7/8), 23–25.
14. World Economic Forum. (2010). *The future of the global financial system: A near-term outlook and long-term scenarios*. Genf: WEF.
15. World Economic Forum. (2012). *Euro, Dollar, Yuan Uncertainties. Scenarios on the future of the international monetary system*. Genf: WEF.

Strategie-Umsetzung 5

Zusammenfassung

Die Strategie liegt vor. Jetzt ist das Strategie-Team gefragt, sie mit einem strategischen Zielsystem zu hinterlegen. Hier dient unter anderem die Balanced Scorecard als Orientierung sowie als späteres Kommunikations- und Controlling-Instrument. Den Zielen weist das Team Messgrößen, Ziel- und Etappenwerte zu. Im nächsten Schritt plant das Team strategische Initiativen. Sie operationalisieren die Ziele für die Umsetzung. Gleichfalls etabliert es ein Programm-Management, das die Implementierung der Strategie überwacht und steuert.

Für die Umsetzung ist zu bedenken: Während die Strategie von einem begrenzten Personenkreis entwickelt wurde, sind nun alle involviert. Der Wissensstand, die Bereitschaft zur Veränderung sind jedoch unterschiedlich. Auch können einige vielleicht noch nicht das, was zukünftig von ihnen erwartet wird. Hier setzt das Change Management an: Es unterstützt Führungskräfte ihre Mitarbeitenden geeignet anzusprechen und zu befähigen, sodass diese gerne bereit sind, gemeinsam in Richtung Vision zu arbeiten (Abb. 5.1).

5.1 Strategisches Zielsystem

Die vorliegende Strategie ist jetzt in Ziele für das Tagesgeschäft zu übersetzen. Dazu wird ein strategisches Zielsystem aufgespannt: Es definiert Ziele aus Sicht verschiedener Perspektiven, angelehnt an den Ansatz der Balanced Scorecard (BSC), und bringt sie untereinander in ein Gleichgewicht. Den Zielen werden anschliessend für das spätere Erfolgs-Controlling Messgrößen, Ziel- und Etappenwerte zugeordnet.

G. Probst, C. Wiedemann, *Strategie-Leitfaden für die Praxis*,
DOI 10.1007/978-3-658-02159-7_5, © Springer Fachmedien Wiesbaden 2013

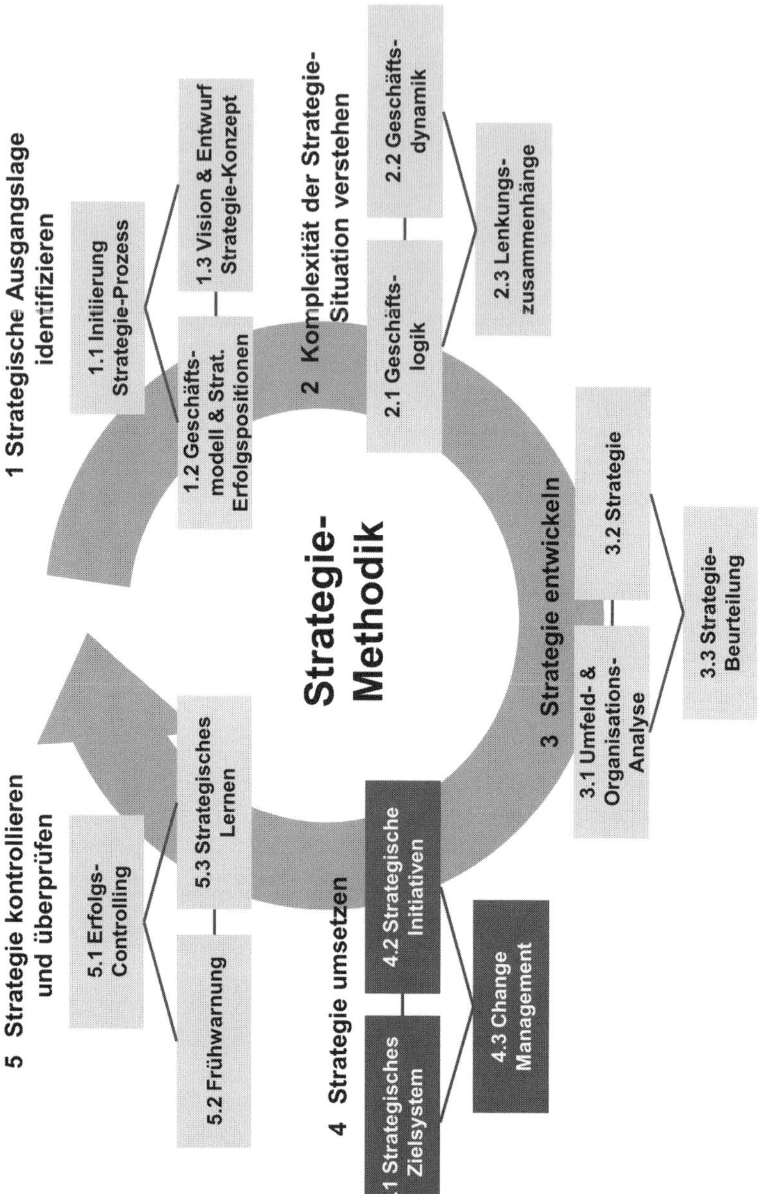

Abb. 5.1 Strategie-Methodik: Strategie umsetzen

5.1.1 Perspektiven des Zielsystems

Eine organisationsweite Strategie soll in alle relevanten Bereiche ausgewogen hineinwirken und die Erwartungen wesentlicher Anspruchsgruppen berücksichtigen. Wird eine Strategie für einen Geschäftsbereich oder eine Funktion erstellt, gilt dieser Anspruch ebenfalls auf dieser Ebene. Um dies zu gewährleisten, orientieren sich Organisationen, die nach Profit streben, in der Definition ihrer Ziele häufig nicht nur an der Strategie. Sondern sie benutzen als analytische Denk- und spätere Controlling- und Kommunikationshilfe zusätzlich die vier aufeinander aufbauenden Perspektiven der Balanced Scorecard (BSC):

- *Finanzen:* Der finanzwirtschaftlichen Perspektive kommt in der BSC eine Doppelrolle zu. Einerseits werden in ihr die finanziellen Ziele bestimmt, die mittels der Strategie erreicht werden sollen. Andererseits unterstützt sie die Fokussierung der anderen BSC-Perspektiven. Denn allein für sich sagen die finanziellen Ziele noch wenig darüber aus, was zu ihrer Erreichung getan werden muss
- *Kunden:* In der kundenbezogenen Perspektive werden die strategischen Ziele für den Marktauftritt und die Marktpositionierung je Kunden- oder Marktsegment definiert
- *Prozesse:* Ziele werden für die Prozesse bestimmt, die eine herausragende Bedeutung für die Strategie-Umsetzung haben. Gemeinhin betrifft es die (bestehenden oder neu zu definierenden) Prozesse, die kritisch für die Erreichung der kundenbezogenen und finanziellen Ziele sind
- *Potenziale:* Die Bezeichnung der vierten BSC-Perspektive variiert je nach Lehrmeinung. Die einen beziehen es mit „Lernen und Entwicklung“ eng auf die Mitarbeitenden, andere weiten die Sicht auf weitere Bestandteile aus wie etwa Organisationskultur und IT-Infrastruktur. Der grundsätzliche Tenor bleibt gleich: Will eine Organisation ihr heutiges Leistungsvermögen steigern, muss sie sich fortwährend entwickeln

Organisationen, Bereiche und Funktionen, die nicht profitorientiert sind, passen oft die BSC-Perspektiven an ihre Bedürfnisse an. Institutionen der öffentlichen Verwaltung berücksichtigen dabei ihre Wirkungs- und Leistungsziele, die mit ihrem politischen Auftrag beziehungsweise ihrem Versorgungsauftrag verknüpft sind.

Balanced Scorecard – was steckt dahinter?

Die Balanced Scorecard (BSC) bedeutet frei übersetzt ausgewogenes Wertungs- oder Kennzahlensystem. Sie wurde von Kaplan und Norton Anfang der 1990er Jahre an der Harvard Business School entwickelt. Bei einer Untersuchung verschiedener amerikanischer Unternehmen fiel ihnen auf, dass der langfristige Organisationserfolg nicht allein vom Erreichen kurz-

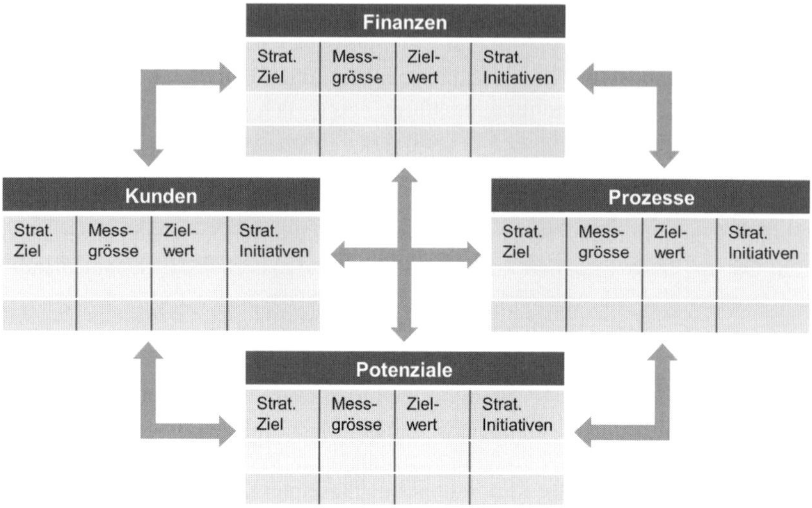

Abb. 5.2 Graphische Darstellung einer Balanced Scorecard

und mittelfristiger finanzieller Ziele abhängt. Auch nicht-monetäre Ziele müssen mit einbezogen werden. Deshalb erweiterten sie den Blickwinkel um die Perspektiven „Kunden", „Interne Prozesse" und „Lernen und Entwicklung der Mitarbeitenden". Innerhalb jeder Perspektive werden mit Bezug zur Strategie verschiedene, meist gleichrangige, aber untereinander heterogene Ziele mitsamt Messgrößen, Ziel- und Etappenwerten sowie Verbesserungsmassnahmen (strategische Initiativen) definiert (vgl. Abb. 5.2).

Eine BSC kann auf allen Ebenen einer Organisation bis hin zu einzelnen Mitarbeitern erstellt werden. Voraussetzung ist nur, dass eine BSC auf einer tieferen Ebene die BSC – oder die Strategie bei Nichtvorhandensein einer BSC – auf der jeweils höheren Ebene widerspiegelt (vgl. [3]).

Heute wird die BSC vor allem als Brücke zwischen Vision/Strategie und operativem Tagesgeschäft genutzt, und zwar als Führungs- und Steuerungsinstrument in der Strategie-Umsetzung. Sie kommt ergänzend zu anderen Instrumenten wie etwa einem Management-Informationssystem, der Budgetplanung und -kontrolle oder dem Risikomanagement zum Einsatz. Zum anderen unterstützt sie eine effektive und effiziente Kommunikation der Strategie: Denn sie stellt kurz, übersichtlich und anschaulich das Wesentliche dar. So fördert sie beim Management, den Mitarbeitenden und anderen Interessengruppen das Verständnis und die Akzeptanz für die gewählte Strategie.

5.1.2 Bestimmung der strategischen Ziele

Ziele werden dann als „strategisch" bezeichnet, wenn sie von strategischer Bedeutung sind – also dazu beitragen, dass eine Organisation sich gemäss der gewählten

Strategie der Vision nähert. Sie stellen Meilensteine auf dem Weg zur Vision dar. Allerdings: Ziele müssen den gewünschten Endzustand, nicht den Weg dorthin, zum Ausdruck bringen. In ihrem Abstraktionsgrad ähneln sie den Faktoren im Netzwerk. Weitere Charakteristika strategischer Ziele lassen sich mit der Formel SMART – als Abkürzung für spezifisch, messbar, akzeptiert, realistisch und transparent – merken:

- *Spezifisch:* Die Ziele müssen genügend konkret („was, wie viel, bis wann?") sein, aber sollten nicht zu kleinteilig formuliert werden: Schließlich sollen sie etwa drei bis fünf Jahre Gültigkeit haben. Ein Rat dazu ist, die Ziele jeweils in einem aussagekräftigen, allgemein verständlichen und später nachvollziehbaren Dreizeiler zu beschreiben, der Antworten auf diese Fragen gibt: Was soll erreicht werden? Warum soll es erreicht werden? Wie soll es erreicht werden? Das erleichtert auch die Kommunikation der Ziele. Ausser bei finanziellen Zielen sind keine numerischen Ziele zu formulieren
- *Messbar:* Den Zielen müssen Messgrößen, und intersubjektiv feststellbare Ziel- und Etappenwerte zugeordnet werden können
- *Akzeptiert:* Die Ziele müssen in der Organisation breite Akzeptanz finden. Dazu gehört unter anderem, dass die übergeordneten Vorgaben (zum Beispiel aus dem Mutterhaus eines Konzerns) genügend berücksichtigt werden
- *Realistisch:* Die Akzeptanz wird dadurch unterstützt, dass erstens die Ziele stimulieren und herausfordern, aber zugleich realisierbar sind. Zum anderen ist die Anzahl der Ziele je Perspektive zu beschränken. In der Praxis haben sich bis zu fünf Ziele je Perspektive als handhabbar erwiesen
- *Transparent:* Rahmenbedingungen und Annahmen, unter denen die Ziele erreicht werden sollen, müssen mitbedacht und offen gelegt werden. Dazu gehören zum Beispiel die Definition und Genehmigung benötigter Ressourcen oder Vorleistungen anderer Organisationseinheiten. Falls Ziele nicht erreicht werden, erlauben solche Angaben eine differenzierte Abweichungsanalyse

Das T wird manchmal auch mit Terminierbar übersetzt: Zielen sollen klare Zeitvorgaben zugeordnet werden, bis wann sie erreicht sein sollen.

In der Praxis werden die Ziele häufig in mehreren Durchgängen entwickelt: Zunächst regt die Strategie beziehungsweise die Teilstrategien das Strategie-Team zur Formulierung naheliegender Ziele an. Falls dazu ein Workshop genutzt wird, bietet sich ein zweistufiger Ansatz an. Zuerst formuliert jeder Teilnehmer individuell die Ziele je Perspektive. Diese werden anschliessend im Plenum gruppiert, zusammen geführt und auf der BSC angeordnet. Dabei fallen dann Lücken und Schwergewichte in den Perspektiven sowie Inkonsistenzen zwischen Zielen auf den verschiedenen

Tab. 5.1 Zielkatalog

Perspektive	Nr.	Benennung Ziel	Beschreibung („Dreizeiler")
Finanzen	1		
	...		
Kunden	...		
	...		
Prozesse	...		
	...		
Potenziale	...		
	n		

Perspektiven auf. Anhand von Leitfragen für die einzelnen BSC-Perspektiven verfeinert das Team nun die Ziele hin zu einem ausgewogenen Zielkatalog, ähnlich Tab. 5.1.

Die Leitfragen sind folgende. Für sie findet das Strategie-Team viele Antworten im Netzwerk, in der SWOT-Analyse sowie in der Strategie selbst:

- *Finanzen:* Ausgehend von der Frage: „Welche finanziellen Erwartungen haben unsere Kapitalgeber?" werden als Ziele häufig aggregierte Finanzgrössen in Bezug auf Kosten, Erlöse, Vermögensnutzung und Umsatz angegeben
- *Kunden:* Leitend ist hier: „Wie müssen wir unsere Kundenbeziehung gestalten, um unsere Strategie durchzusetzen?" Diese Frage bezieht sich nicht nur auf den direkten Kontakt. Andere Gestaltungsmöglichkeiten sind etwa das Image oder Produkte- und Serviceeigenschaften, zum Beispiel Preis, Qualität, Verfügbarkeit, Auswahl und Funktionalität. Antworten dazu geben einerseits die Kunden selbst, indem sie ihre Leistungserwartungen und ihre Wahrnehmung der Leistungsfähigkeit und des allgemeinen Images der Organisation im Vergleich zum Wettbewerb benennen (siehe Wettbewerbsvorteilsmatrix, Abschn. 4.1.2). Andererseits sind interne Möglichkeiten zu berücksichtigen, beispielsweise die Neustrukturierung des Vertriebs, die Auswahl der Distributionskanäle, die Gestaltung des Leistungsportfolios. Stichworte für Ziele sind beispielsweise: „Kundenzufriedenheit steigern", „Neukunden gewinnen" oder „Kundenbindung erhöhen"
- *Prozesse:* Hier ist die Abhängigkeit von den vorher definierten Zielen zentral: „Was müssen wir an den Abläufen verändern, um die Ziele der Finanz- und der Kundenperspektive zu erfüllen?" Ziele können zum Beispiel ansetzen bei „Betreuung von Schlüsselkunden intensivieren", „Auftragsbearbeitung verkürzen" oder „Produktqualität verbessern". Falls die Ziele auf den ersten Blick unerreich-

bar scheinen, ist die Potenzial-Perspektive mit zu bedenken. Sie unterstützt die Prozessziele

- *Potenziale:* „In welcher Weise müssen wir unsere internen Potenziale entwickeln, damit wir langfristig und nachhaltig am Markt Erfolg haben?" Möglichkeiten sind beispielsweise: „Wissensmanagement einführen", „Kernkompetenzen aufbauen", „dezentrale Teamstruktur etablieren" oder „Partnerschaften mit Universitäten aufbauen"

Ziele, die inhaltlich aufeinander aufbauen, also zwischen denen Ursache-Wirkungszusammenhänge bestehen, können durch Pfeile zu einer sogenannten Strategielandkarte verbunden werden.

Abbildung 5.3 präsentiert beispielhaft eine Strategielandkarte entlang der BSC, wobei hier anstelle von Potenzialen von Ressourcen gesprochen wird. Die Landkarte wurde als Teil der Funktionalstrategie für das Rechnungswesen der Schweizerischen Mobiliar Versicherungsgesellschaft entworfen. Das Rechnungswesen bei Mobiliar gehört zum Finanzbereich, dem auch das Gruppen-Controlling und das Risk Management zugeordnet sind. Die Funktion selbst ist weiter aufgegliedert in vier Abteilungen – Kapital und Geldverkehr, Finanzbuchhaltung, Betriebliches Rechnungswesen und Rechnungswesen Vorsorge. Vor diesem Hintergrund sind die Ziele, die sich in den Ovalen finden, zu lesen. Die Kästchen beinhalten Messgrößen für die Zielerreichung.

Auch wenn Ziele für sich genommen den SMART-Kriterien genügen und den vier Perspektiven zugeordnet werden können, reicht es für ein strategisches Zielsystem noch nicht aus. Zusätzlich muss das Strategie-Team erstens auf Konsistenz und Widerspruchsfreiheit zwischen den Zielen achten. Widersprüche können beispielsweise entstehen, wenn beste Qualität für Kunden gewünscht wird, gleichzeitig aber die Kosten massiv gesenkt werden sollen. Auch kommen sich kurzfristige Effizienz und langfristige Effektivität häufig in die Quere. Zweitens sollte das Team hinterfragen, ob die Ziele tatsächlich der Strategie dienen oder eher Partikularinteressen fördern. Diesen Schwierigkeiten kann es am besten mit einem Blick auf die Vision und Strategie begegnen. Drittens sind die vorgeschlagenen Ziele einem Plausibilitätscheck zu unterziehen: Sind sie glaubwürdig erreichbar? Jedoch: Irrt sich das Strategie-Team hier, lässt sich das bei der nächsten Strategie-Überprüfung (Strategie-Review, vgl. Abschn. 6.3) wieder revidieren.

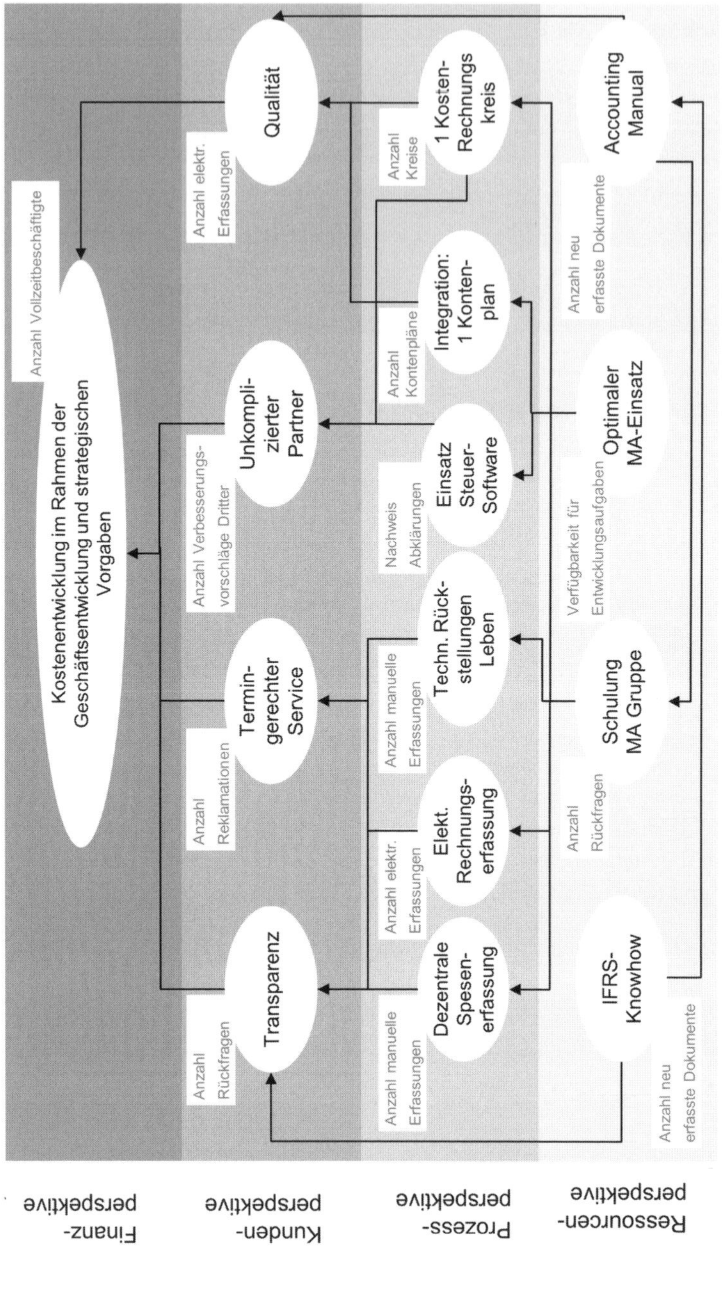

Abb. 5.3 Strategielandkarte (Auszug) des Rechnungswesens der Gruppe Mobiliar

Tab. 5.2 Unterschiedliche Messgrößen in Abhängigkeit vom strategischen Ziel

BSC	Strategische Ausrichtung			
	„Cost driven"	„Customer-focused"	„Research-based"	„Starting-up"
Finanzen	Asset Management Ratios Gewinn/Mitarbeitende	Key Account Rentabilität Verkaufsmargen	Return on R&D Umsatz neue Produkte Innovations-Investition vs. Gesamt-Investition	Time to profitability Time to IPO
Kunden	Preissensitivität Marketing-Aufwand vs. Umsatz von Neuaufträgen	Kundenloyalität bei wichtigsten Segmenten Customer/Brand Equity	Anteil Early Adopter Time to market Time to max. sales	Qualität Key Account Management Qualität Stakeholder Management
Prozesse	Preissensitive Kostenelemente	Fokus auf Prozesse mit Kundenschnittstellen	Effizienz/Effektivität der Innovationsprozesse	Reaktionszeit gegenüber Veränderungen
Potenziale	Produktivität Krankheitstage Kündigungen vs. Trainingskosten	Zufriedenheit mit Ausbildung Zufriedenheit mit Verantwortung	Zufriedenheit mit persönlicher Entwicklung Freiheitsgrade	Kongruenz MA-Ziele und Unternehmensziele

5.1.3 Messgrößen

Messgrößen geben den Massstab vor, mit dem der Grad der Zielerreichung gemessen wird. Die Ausprägungen der Messgrößen werden zur Definition von Ziel- und Etappenwerten herbeigezogen. Dass Messgrößen je nach strategischer Ausrichtung verschieden sind, zeigt Tab. 5.2. Die Wahl geeigneter Messgrößen je strategisches Ziel unterstützen folgende Fragen:

- *Identifikation:* „An welchen Größen ist zu erkennen, wenn das Ziel erreicht ist?" Wie in Abschn. 3.3.2 erwähnt, lassen sich solche Grössen auch aus dem Netzwerk identifizieren. Möglicherweise bedarf es dafür an der einen oder anderen Stelle im Netzwerk einer höheren Auflösung.
- *Selektion:* Was soll konkret gemessen werden? Welche Aussagekraft haben die zur Auswahl stehenden Kennzahlen in Bezug auf die Zielerreichung?

Tab. 5.3 Übersicht über Typen von Messgrößen

	Typ	Beschreibung	Beispiel
Zeit	Früh (leading)	Laufen dem zu evaluierenden Sachverhalt vor	Anzahl der Kunden, die sich für den E-Mail-Verteiler registrieren lassen
	Präsenz	Treten zeitgleich mit dem zu evaluierenden Sachverhalt auf	Anzahl der Kunden im Geschäft
	Spät (lagging)	Laufen dem zu evaluierenden Sachverhalt nach	Kundenzufriedenheit
Wertschöpfung	Eingabe (Input)	Eingegebene Ressourcen (zum Beispiel Material, Arbeitsstunden, finanzielle Mittel)	Anzahl Verkäufer
	Ausgabe (Output)	Hergestellte Produkte oder Dienstleistungen	Anzahl Kundenkontakte
	Ergebnis (Outcome)	Resultierender Effekt, Nutzen	Grad der Kundenbindung
Methodik	Quantitativ	Numerische Darstellung empirischer Sachverhalte; objektiv messbar	Anzahl Kundenreklamationen
	Qualitativ	Subjektiv zu evaluierende Sachverhalte	Schwere der Kundenreklamationen

Messgrößen können unmittelbar auf den Grad der Zielerreichung schließen lassen (zum Beispiel die monetäre Angabe des Umsatzes), oder Anzeichen (Indikatoren) dafür sein. Beispielsweise misst ein Indikator anstelle des Ziels „Qualifikation der Mitarbeitenden“ Größen, von denen man annimmt, dass sie einen Einfluss auf dieses Ziel haben, nämlich die Anzahl von Fortbildungstagen. Dabei wird davon ausgegangen, dass eine höhere Anzahl die Qualifikation erhöht. Zu reflektieren ist jeweils, ob der unterstellte Ursache-Wirkungszusammenhang plausibel ist.

Obwohl es verlockend ist, viele Messgrößen zu selektieren: Je strategisches Ziel sollten nur zwei bis drei Messgrößen festgelegt werden. Diese Begrenzung wahrt die Übersichtlichkeit, mindert den Messaufwand und diszipliniert dazu, die Messgrößen sorgfältig auszuwählen.

Verschiedene Messgrößen-Typen stehen zur Auswahl, die sich miteinander kombinieren lassen (vgl. Tab. 5.3). Grundsätzlich sind Messgrößen, die einen Output oder einen Outcome im Fokus haben, den Input-orientierten vorzuziehen. Gleichfalls darf die Messgrösse nicht dazu verleiten, das Falsche zu tun

Tab. 5.4 Messgrößen in der Funktionalstrategie Personalwesen von Jura Materials

Nr.	Strategisches Ziel	Messgröße
1	Hohe Produktivität der Mitarbeitenden	Prozentualer Anteil der Abwesenheiten durch Unfall/Krankheit (ohne Mutterschaft)
2	Hohe Mitarbeiterbindung	Fluktuationsrate in Prozent
		Austrittsrate in Prozent im ersten Jahr
3	Tiefe Personalnebenkosten	Sozialversicherungsanteil in Prozent vom Personalaufwand
4	Image als attraktiver Arbeitgeber	Durchschnittliche Anzahl Bewerbungen pro ausgeschriebener Stelle (inkl. Spontanbewerbungen)
5	Koordinierte Lehrlingsausbildung	Anteil Lernende in Prozent vom Personalbestand
6	Strukturierte Aus- und Weiterbildung	Anteil A- und B-Bewertungen zur Aus- und Weiterbildung
7	Hohe Management-Fähigkeiten der Führungskräfte	Teilnahmequote in Prozent an den internen Führungstrainings
8	Gesicherte Nachfolge von Führungspositionen ab mittlerem Kader	Anteil der internen Nachfolger in Prozent vom Total der Nachfolger
9	Attraktive Anstellungsbedingungen	Anteil A- und B-Bewertungen im MAG-Bogen zu Lohn inkl. Lohnnebenleistungen und Anstellungsbedingungen

(Ineffektivität) oder das Richtige falsch zu tun (Ineffizienz). Stattdessen sollte die Messgrösse auf die Mitarbeitenden motivierend in Richtung des strategischen Ziels wirken. Idealerweise können die Mitarbeitenden, die zum entsprechenden strategischen Ziel beitragen, die Ausprägungen der Messgrösse direkt innerhalb der Zielerreichungsfrist beeinflussen.

Beispielsweise hat Jura Materials, ein Schweizer Konzern, der in der Zementproduktion, Kiesgewinnung und Betonherstellung tätig ist, für die Funktionalstrategie die in Tab. 5.4 dargestellten Messgrößen für seine strategischen Ziele selektiert.

Um den Fortschritt über eine längere Zeit hinweg konsistent zu verfolgen, sollten die Messgrößen sowie das Zielsystem wenigstens über ein Jahr hinweg unverändert gelassen werden. Festgelegte Messgrößen trägt das Strategie-Team in ein Messgrößenstammblatt ein. Das Beispiel in Tab. 5.5 geht von einer Messgrösse je Ziel aus. Ein solches Stammblatt kann bei Bedarf noch ergänzt werden durch weitere Spalten wie „Messeinheit" oder „Datenquelle".

Wie Tab. 5.5 zeigt, können Messungen auf monatlicher, vierteljährlicher und halbjährlicher Basis geplant werden. Je nach Zielhorizont und Messaufwand sind in einzelnen Fällen auch jährliche oder mehrjährige Spannen denkbar.

5.1.4 Ziel- und Etappenwerte

Für jede Messgrösse legt das Strategie-Team einen Zielwert und mehrere Etappenwerte fest.

Für den Zielwert wird das strategische Ziel in die Masseinheit der zugeordneten Messgrösse „übersetzt". Das ist nicht ganz trivial: Hilfreich sind interne oder externe Referenzwerte (Benchmarks), Kundenumfragen, Simulationen, Ist-Werte als Ausgangspunkte und persönliche Erfahrungen – falls nicht bereits höhere Hierarchieebenen etwas vorgeben. Bis wann der Zielwert erreicht werden muss, leitet sich aus dem Ziel beziehungsweise aus dem strategischen Planungshorizont ab. Üblicherweise beträgt dieser drei bis fünf Jahre.

Den Zielwerten ordnet das Strategie-Team Ist-Werte zu, um den Startpunkt zu bestimmen, sowie Etappenwerte. Sie zeigen an, ob man auf dem Pfad zum Ziel genügend schnell voranschreitet oder sich weiterhin innerhalb bestimmter Grenzen (Etappenwerte als Intervalle definiert) bewegt. Die zeitlichen Messabstände sind individuell zu bestimmen. Sie hängen davon ab, wie rasch eine Entwicklung feststellbar ist, wie dringlich Fortschritte sind und welcher Messaufwand vertretbar ist. Um die Etappenwerte zu generieren, lässt sich der Zielwert jedoch nicht einfach durch die Anzahl der vorgesehenen Etappenwerte teilen. Denn eine Entwicklung muss nicht linear sein. Sie kann auch in Sprüngen oder zwischen schnellen Entwicklungsschüben und graduellem Wandel variierend verlaufen. Das ist bei der Festlegung der Werte zu berücksichtigen.

Tab. 5.5 Beispiel für ein Messgrößenstammblatt

	Ziel	Messgröße	Formel	Erhebung	Verantwortlich
Finanzen	Rentabilität in Höhe x	Rohertragsmarge	$\frac{\text{Umsatz} - \text{Material}}{\text{Umsatz}}$	Monatlich	Finanzbuchhaltung
	Liquidität in Höhe x	Debitorenlaufzeit	$\frac{\text{Forderungen} \times 365}{\text{Umsatz}}$	Monatlich	Fakturierung
Kunden	Steigerung Kundenzufriedenheit um %	Kundenzufriedenheit	Ergebnis der Kundenumfrage	Halbjährlich	Verkauf
	Steigerung Effizienz Auftragsabwicklung um %	Zeitdauer	hh:mm je Auftrag	Vierteljährlich	Vertrieb
Prozesse	Steigerung Effizienz Verarbeitungsprozess um %	Ausschussquote pro Schicht in %	$\frac{\text{Ausschussteile}}{\text{Gefertigte Teile}}$	Monatlich	Produktion
	Kostenoptimale Auslastung	Kapazitätsauslastung pro Maschine in %	$\frac{\text{Tatsächliche Maschinenlaufzeit}}{\text{Mögliche Maschinenlaufzeit}}$	Monatlich	Produktion
Potenziale	Erhöhung Arbeitssicherheit	Anzahl Unfälle Schwere Unfälle	Dauer des unfallbedingten Ausfalls je Mitarbeiter	Vierteljährlich	Personal

Tab. 5.6 Zusammenfassung strategisches Zielsystem

BSC-Perspektive	Ziel Nr.	Ziel (Benennung)	Messgrösse	Zielwert	Ist-Wert	Etappenwerte		
				[Zeitpunkt]	[Zeitpunkt]	[Zeitpunkt]	[Zeitpunkt]	[Zeitpunkt]

Zuletzt sollten die Messungen in der Praxis gut durchführbar sein. Kriterien dafür sind:

- Wird eine Messgrösse bereits in Reportings verwendet oder lässt sie sich gut in bestehende Reporting-Systeme integrieren?
- Ist der Aufwand der Messungen (in der vorgesehenen Frequenz) vertretbar?

Falls sich die Ziel- und Etappenwerte nur schwer bestimmen lassen, prüft der Strategieverantwortliche, ob die strategischen Ziele und Messgrößen noch einmal geschärft werden müssen. Zudem sind die Ziel- und Etappenwerte mit den Personen anzuschauen, die sie messen sollen. Jetzt ist der Zeitpunkt, eventuelle Unklarheiten auszuräumen.

Die Schritte in diesem Abschn. 5.1 lassen sich zusammenfassend in Tab. 5.6 darstellen. Entsprechend der Anzahl Ziele sind weitere Zeilen hinzuzufügen.

Kurzcheck Strategisches Zielsystem

- Berücksichtigen die strategischen Ziele verschiedene Perspektiven sowie übergeordnete Vorgaben?
- Sind die Ziele SMART formuliert?
- Sind die strategischen Ziele mit den Ergebnissen aus der SWOT-Analyse konsistent (werden Chancen genutzt, Gefahren berücksichtigt, auf Stärken aufgebaut sowie Schwächen vermindert)?
- Welche Ursache-Wirkungszusammenhänge werden durch Messgrößen unterstellt?
- Lassen sich die Ziel- und Etappenwerte in der Praxis gut messen?

5.2 Strategische Initiativen

Das strategische Zielsystem ist mit Ziel- und Etappenwerten für die Umsetzungskontrolle versehen. Empfohlen wird, dass das Strategie-Team nun für jedes strategische Ziel Maßnahmen und Maßnahmenbündel, kurz strategische Initiativen bestimmt, die parallel zum Tagesgeschäft laufen. Zwar ist es auch möglich, Strategien mittels kleiner, laufender Veränderungen im betrieblichen Alltag zu implementieren oder mittels harter Schnitte, etwa dem Schliessen ganzer Abteilungen, durchzusetzen. Der hier vorgestellte Ansatz ist jedoch am gebräuchlichsten. Zudem organisiert das Team ein Programm-Management, das die Umsetzung steuert und überwacht.

5.2.1 Definition der strategischen Initiativen

Die normalen Aktivitäten im Tagesgeschäft reichen in der Regel nicht aus, um gesetzte strategische Ziele zu erreichen. Deshalb forciert das Strategie-Team die Zielerreichung mit strategischen Initiativen: Maßnahmen, Projekte, Aktivitäten oder sonstige Tätigkeiten parallel zum Tagesgeschäft. Sie beanspruchen jedoch wesentliche Ressourcen. Deshalb gilt als Faustregel: Je strategisches Ziel sind maximal vier strategische Initiativen festzulegen. Obwohl eine strategische Initiative mehrere strategische Ziele beeinflussen kann, wird sie nur einem Ziel zugeordnet – und zwar dem Ziel, das sich zuerst in dieser Reihung der BSC-Dimensionen wiederfindet: Potenziale, Prozesse, Kunden und Finanzen.

Strategische Initiativen definiert das Strategie-Team in mehreren Schritten: Erstens sammelt es auf Basis der aktualisierten Projektliste Vorschläge für strategische Initiativen je strategisches Ziel. Die Ausnahme bilden die finanziellen Ziele: Für sie empfiehlt es sich, mit strategischen Initiativen zurückhaltend zu sein. Denn sie werden bereits durch vielfältige strategische und operative Aktivitäten beeinflusst. Geeignete Vorschläge für strategische Initiativen lassen sich dadurch charakterisieren, dass sie sich in kurzfristige, detaillierte Arbeitspakete überführen lassen. Gleichartige Vorschläge werden zusammen geführt.

Zweitens priorisiert das Strategie-Team die Vorschläge angesichts der beschränkten Ressourcenverfügbarkeit nach Wirtschaftlichkeit. Dazu unterzieht es alle Vorschläge einer Kosten-Nutzen-Analyse. Für die Kosten schätzt das Team grob den finanziellen und zeitlichen Ressourcenbedarf. Der Nutzen kann entweder finanziell beziffert oder qualitativ begründet werden. Je wirtschaftlicher eine strategische Initiative beurteilt wird, desto eher wird sie in den Umsetzungskanon mit aufgenommen – sofern die Ressourcen dafür vorhanden sind. Falls die Ressourcen

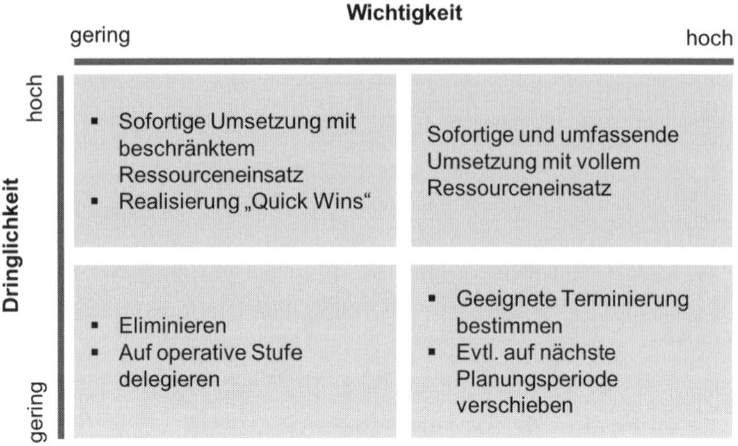

Abb. 5.4 Priorisierung strategischer Initiativen

Tab. 5.7 Zusammenfassung strategische Initiativen

Ziel Nr.	Ziel	Initiative Nr.	Initiative	Verant-wortlich	Start, Ende	Priorität	Bereits laufende Aktivitäten

partout nicht reichen, müssen die strategischen Ziele sowie deren Messgrößen und Zielwerte angepasst werden.

Drittens werden die wirtschaftlich interessanten strategischen Initiativen anhand ihrer Wichtigkeit und ihrer Dringlichkeit in einer sogenannten Eisenhower-Matrix angeordnet (vgl. Abb. 5.4). Daraus erschliessen sich Empfehlungen zur zeitlichen Reihenfolge und dem Ressourceneinsatz, mit dem die Initiativen bearbeitet werden. Das lässt sich in einer Tabelle wie etwa Tab. 5.7 zusammenfassen. Zeilen sind entsprechend der Anzahl strategischer Ziele und Initiativen zu ergänzen.

Viertens dokumentiert das Strategie-Team – idealerweise bereits zusammen mit den vorgesehenen Leitungen der strategischen Initiativen – jede strategische Initiative mit einem Steckbrief. Solche Steckbriefe schaffen einerseits Transparenz und Nachvollziehbarkeit. Damit sind die Aktivitäten besser kommunizierbar. Andererseits sind sie eine Basis für das spätere Erfolgs-Controlling. Das Format der Steckbriefe kann variieren. Entscheidend ist, dass es Folgendes enthält:

- Das Ergebnis der Prioritätensetzung (gegebenenfalls nebst Begründung)
- Das Projektteam
- Ausgangslage und Zielsetzung
- Start- und Endtermin, Meilensteine
- Skizzierung der Vorgehensweise, zum Beispiel anhand einer Phasendarstellung und anhand von Arbeitsplänen
- Planung und Budgetierung des Ressourceneinsatzes
- Eine Skizze, wie die Umsetzungskontrolle geplant ist

In Abb. 5.5 ist ein ausführlicher Steckbrief beispielhaft aufgeführt.

Abschliessend prüft das Strategie-Team die strategischen Initiativen, insbesondere die Vorgehensweise auf Schlüssigkeit und Plausibilität, sowie gesamthaft auf Abhängigkeiten, Engpässe und ihren Beitrag zur Erreichung der strategischen Ziele. Das beugt Schwierigkeiten in der Umsetzung vor. Je nach Prüfungsergebnissen verändert es die strategischen Initiativen noch einmal.

5.2.2 Programm-Management

Vor allem wenn es sich um einige, eher umfangreiche und langfristige strategische Initiativen handelt, ist deren Leitung herausfordernd. Dem kann mit einem Programm-Management begegnet werden, das die strategischen Initiativen koordiniert, überwacht und steuert, ähnlich einem klassischen Projekt-Management. Gleichzeitig kann es Aufgaben im Change Management (vgl. Abschn. 5.3) und in der Strategie-Kontrolle und Review (vgl. Kap. 6) übernehmen, denn sie ergänzen sich gegenseitig. Insbesondere das Change Management ist in folgenden Punkten auf eine gute Umsetzungssteuerung angewiesen:

- Am besten werden innerhalb kurzer bis mittlerer Frist bereits (Teil-)Erfolge erreicht, die sich kommunizieren lassen. Denn sie zeigen, dass die Anstrengungen zur Veränderungen die Mühe wert sind und dass die Kosten sich lohnen. Sie motivieren die beteiligten Mitarbeitenden und besänftigen Kritiker
- Auf diesen Zwischenergebnissen ist dann konsequent aufzubauen. Denn solcher Erfolg gibt der Durchführung weiterer, eventuell noch ambitionierterer Maßnahmen oft neuen Schwung

Steckbrief Nr.	Priorität		
Name der strat. Initiative:		Status:	
Version Nr.:	Verändert am:	Fortschritt in %:	

Ausgangslage	
Ziele und -nutzen	
Vorgehen (Skizze)	
Abgrenzung ggü anderen strat. Initiativen	
Beitrag zu strat. Ziel Nr.	
Start	
Ende	

Team	Name	Personeller Aufwand
Projektleiter		
Teammitglied 1		
Teammitglied 2		

Meilensteine & wesentliche Aktivitäten	Wann	Erfüllt? (J/N)	Kurz-Beschreibung

Indikatoren zur Erfolgsmessung	Soll	IST per Datum	Bemerkungen

Lieferobjekte und Abnahmekriterien

Abhängigkeiten	
Erkennbare Risiken	
Eingeleitete Gegenmassnahmen	

Entscheidungsbedarf (Was)	Wer	Bis wann

Kommunikationsempfehlungen (Was)	Wer	An wen	Wann

Genehmigung Steckbrief (Version 1.0)

Name, Unterschrift Datum

Abb. 5.5 Steckbrief für strategische Initiativen

- Speziell nach den ersten Erfolgen ist darauf zu achten, dass Veränderungsvorhaben nicht zu früh als abgeschlossen angenommen werden. Es gilt zu vermeiden, dass bereits Umgesetztes nicht vor der vollständigen Zielerreichung wieder rückgängig gemacht wird

Falls mehrere Personen am Programm-Management beteiligt sein sollen, bietet sich ein Aufbau für ein Programm-Management an, wie in Abb. 5.6 dargestellt.

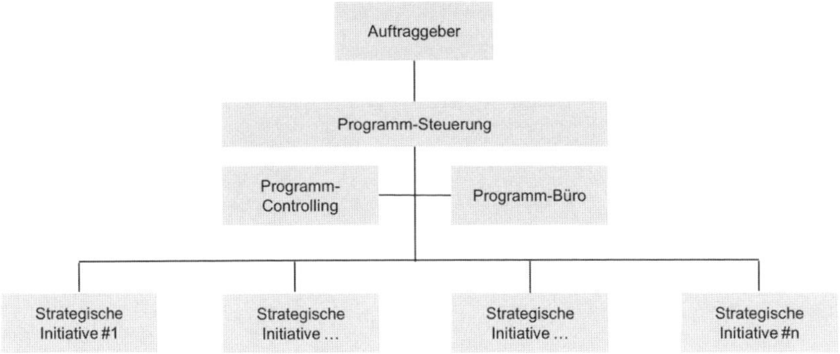

Abb. 5.6 Beispiel für ein Organigramm eines Programm-Managements

Aufgaben, Kompetenzen und Verantwortlichkeiten werden vorher geregelt, beispielhaft so: Der Auftraggeber startet das Programm, gibt strategische Initiativen frei und nimmt die Endergebnisse ab. Die Programm-Steuerung plant, steuert und überwacht die Prozesse und Ergebnisse insgesamt, betreut Anspruchsgruppen sowie leitet das Programm-Controlling und das Programm-Büro. In ihren Tätigkeiten ist sie gegenüber dem Auftraggeber verantwortlich und berichtet ihm regelmäßig. Das Programm-Controlling überwacht die Fortschritte der strategischen Initiativen. Es identifiziert rechtzeitig Brennpunkte, Engpässe und Risiken. Die wesentlichen Informationen übermittelt es an die Programm-Steuerung. Das Programm-Büro kümmert sich um die operative Durchführung sämtlicher Programm-Management-Aufgaben. Es kann nach Auftrag durch die Programm-Steuerung auch konzeptionell arbeiten. Die Leiter der strategischen Initiativen wiederum reichen dem Programm-Controlling regelmäßig Statusberichte ein. In ihnen berichten sie über Fortschritte, Kosten, Ressourcen sowie geplante Aktivitäten und bitten um Entscheidungen, die ausserhalb ihrer Kompetenzen liegen.

Der Bedarf nach einem Programm-Management bestand beispielsweise bei der Eidgenössischen Alkoholverwaltung (EAV). Diese ist in der Schweiz mit der Umsetzung des Gesetzes über Herstellung, Vertrieb, Erwerb und Konsumation alkoholhaltiger Getränke („Alkoholgesetz") beauftragt. Das Alkoholgesetz stammt in weiten Teilen noch aus dem Jahr 1932 und wurde den heutigen gesellschaftspolitischen und wirtschaftlichen Realitäten nicht mehr gerecht. Deshalb beschloss man dessen Totalrevision. Später wurde zudem bestimmt, die Organisation in die Eidgenössische Zollverwaltung zu integrieren. Die EAV stand damit vor den

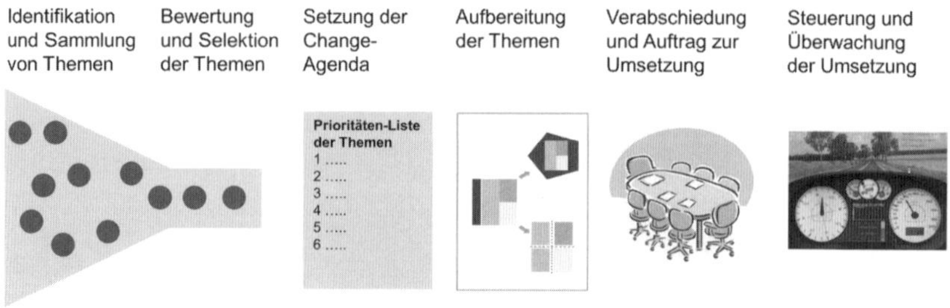

Abb. 5.7 Arbeitsweise des Programm-Managements der EAV

Herausforderungen, den Abschluss des Vollzugs des alten Gesetzes zu planen, gemeinsam mit der Zollverwaltung die neue Organisationseinheit zu definieren, neue Gesetze sowie deren technische und organisatorische Umsetzung vorzubereiten und die Mitarbeitenden in diesem fundamentalen Transformationsprozess mitzunehmen. Für den über mehrere Jahre hinweg angelegten Veränderungsprozess definierte die Geschäftsleitung in Strategie-Workshops zunächst eine Vision und vier strategische Kernziele. Davon wurden für den mehrjährigen Veränderungsprozess mehr als vierzig strategische Initiativen abgeleitet, die bis zum Inkrafttreten des neuen Alkoholgesetzes realisiert werden sollten. Zur Umsetzungs-Steuerung und -Überwachung der strategischen Initiativen sowie für das gesamthafte Change Management wurde ein Programm-Management, wie in Abb. 5.7 illustriert, aufgesetzt.

Der zentrale Treiber des operativen Wandels, das Gremium Programm-Steuerung, arbeitete so: In der Organisation wurden Themen mit Handlungsbedarf identifiziert zum Beispiel aufgrund von Ergebnissen des Programm-Controllings, allgemeinen Rückmeldungen aus der Belegschaft oder Gesprächen mit Führungskräften. In den monatlichen Sitzungen diskutierte das Gremium dann die Themen und entschied über deren Prioritäten. Je nach Bedeutung des identifizierten Themas ergriff die Programm-Steuerung selbst Maßnahmen –etwa Einzelgespräche, Einberufung von Sitzungen mit ausgewählten Teilnehmenden zu Sonderthemen oder Handlungsanweisungen an strategische Initiativen –oder veranlasste beim Programm-Büro die Erarbeitung eines Lösungskonzepts. Lösungskonzepte waren zum Beispiel die Gestaltung und Einführung eines neuen Führungsinstrumentes, die Organisation eines Workshops oder die Entwicklung eines Kommunikationsplans. Diese Lösungen wurden von der Programm-Steuerung und der Geschäftsleitung als Auftraggeber verabschiedet, ehe sie umgesetzt wurden (siehe Abb. 5.7). Das Programm-Controlling wiederum überwachte die Implementierung.

Beispielsweise wurde jährlich eine Personalumfrage zur Ermittlung der Befindlichkeiten im Wandelprozess durchgeführt. Einmal zeigte diese Umfrage, dass das Transformationsprogramm kaum in den jährlichen Zielvereinbarungsgesprächen verankert war. Deshalb initiierte die Programm-Steuerung beim Programm-Büro die Erarbeitung einer Verbesserungsmassnahme: Führungskräfte wurden in einem Workshop geschult, wie sie in den Mitarbeitergesprächen die Ziele des Transformationsprogramms stufengerecht berücksichtigen konnten. Mittel waren zum Beispiel die Evaluation möglicher Weiterbildungen, die Einbindung in strategische Initiativen oder einfach das persönliche Erkundigen nach dem Wohlergehen angesichts der Veränderungen. Den Erfolg dieser Maßnahme mass das Programm-Controlling wiederum über die Personalumfrage im nächsten Jahr.

Durch seine Arbeitsweise konnte das Programm-Management den Wandel proaktiv gestalten: Risiken wurden früh erkannt, Gegenmassnahmen rechtzeitig eingeleitet und damit stärkere Interventionen, die später hätten notwendig werden können, vermieden. Insbesondere wurden die Stakeholder vorausschauend bedient.

Kurzcheck Strategische Initiativen

- Wie hängen die strategischen Initiativen und ihre Arbeitspakete in Bezug auf Zeit, Ressourcen und Arbeitsergebnisse voneinander ab?
- Wo lauern Engpässe, und wie soll mit ihnen umgegangen werden?
- Genügen die strategischen Initiativen, um die strategischen Ziele zu erreichen?
- Ist die Steuerung der strategischen Initiativen wirkungsvoll und effizient? Was liesse sich noch verbessern?
- Werden (Teil-)Erfolge kurz- bis mittelfristig erreicht?

5.3 Change Management

Veränderungsfeld und -umfang sind einerseits durch den Geltungsbereich der Strategie, andererseits durch die Lücke zwischen der heutigen Situation und der Vision skizziert. Bewusst darin Veränderungen herbeizuführen, ist auf den Sach- und Beziehungsebenen nicht trivial: Seit Jahren zeigen Untersuchungen der Hay Group, eine Unternehmensberatung mit U.S.-amerikanischen Wurzeln, und akademische Studien, dass 70 % der Veränderungsvorhaben nicht an der falschen Lösung, son-

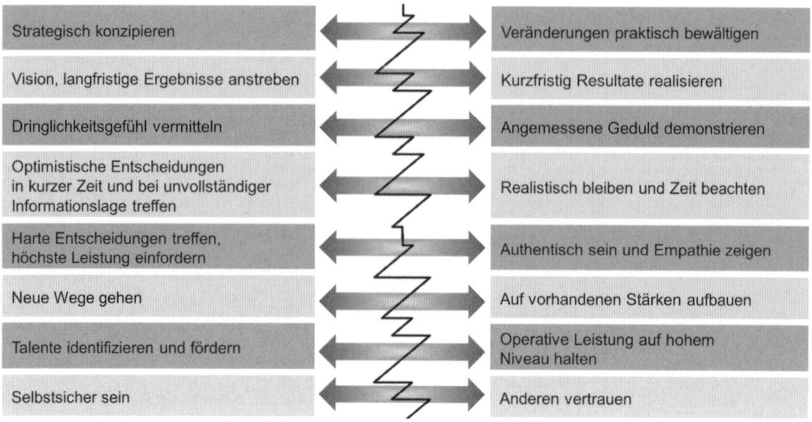

Abb. 5.8 Spannungsfelder in der Führung

dern an der Umsetzung scheitern. In der Regel geben nur 20 % der Befragten der Umsetzung und damit dem Change Management eine gute, und nur 1–3 % (je nach Land) eine sehr gute Note.

Abschnitt 5.2 beschrieb die organisatorische Seite der Umsetzung. Nun wird darauf eingegangen, wie die Köpfe und Herzen der Mitarbeitenden angesprochen werden können. Denn in der Summe sind sie es, die einen Wandel bewirken – oder auch nicht. Entlang der miteinander verwobenen Wirkungsebenen Wissen – Wollen – Können bei Individuen werden nachfolgend wichtige Aspekte des Change Managements erläutert. An erster Stelle ist „Leadership" gestellt. Denn wie auch das Fallbeispiel am Schluss dieses Unterkapitels verdeutlicht, braucht ein Veränderungsprozess Personen, die voranschreiten und andere mit sich ziehen.

5.3.1 Leadership

Leadership zeigt sich dadurch, dass eine Person andere so beeinflusst, dass sie sie tatkräftig in der Zielerreichung unterstützen. Personen, die andere motivieren, deren Wort bei anderen zählt und denen andere aus Überzeugung folgen, finden sich überall in einer Organisation, ungeachtet von Titeln und Hierarchien. Idealerweise setzen sie ihr Talent für die Organisation ein und werden von dieser als (zukünftige) Führungskraft entwickelt.

Solche Führungskräfte, das zeigt näheres Hinsehen, navigieren gekonnt im Spannungsfeld zwischen geschäftsgetriebenen und auf Menschen fokussierten Angelegenheiten (vgl. Abb. 5.8).

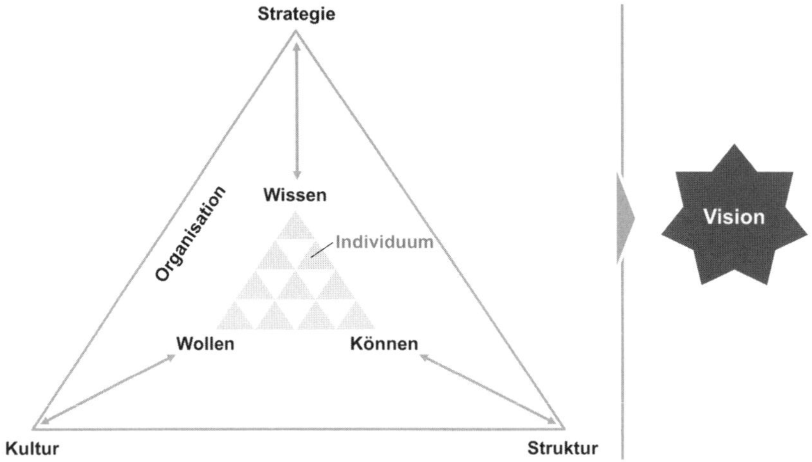

Abb. 5.9 Wirkungsebenen des Wandels

Dieses Navigieren und Balancieren ruft nach Führungskräften, die sowohl Visionäres denken und kommunizieren können, als auch pragmatisch entscheiden und handeln. Gleichzeitig wird ihnen kontextuale und situative Flexibilität abverlangt: Wie Abb. 5.8 ebenfalls illustriert, wechseln die Bedürfnisse an sie ständig, je nach Lage, Mitarbeitenden und Aufgabengebiet.

Während der Strategie-Umsetzung intensivieren sich diese Herausforderungen. Denn die Umsetzung verändert den Arbeitsalltag der Betroffenen. Die Trägheit des Gewohnten hat eine bequeme Situation geschaffen. Wandel stört da: Er bricht Routine auf, verändert Beziehungsstrukturen, fordert neue Fähigkeiten, gefährdet den erarbeiteten Status und verunsichert durch Neues, Ungewohntes, Unbekanntes. Für Individuen ist es oft zu Beginn unklar, wie stark sich die Veränderung auf sie niederschlagen wird. Das löst Ängste aus, von Bekanntem loszulassen.

Diese Faktoren erschweren es, allgemeingültige und zugleich konkrete Empfehlungen zu geben, wie Leadership gelebt oder andere dazu befähigt werden können. Was allerdings gesagt werden kann: Die Erfahrung zeigt, dass Mitarbeitende ihr Verhalten dauerhaft ändern, wenn sie zugleich wissen, können und wollen (vgl. Abb. 5.9):

- *Wissen:* Die Mitarbeitenden kennen die Ziele und Inhalte der Strategie. Sie wissen, was sich verändern und was bewahrt werden soll. Gleichzeitig besitzen sie strategisch relevantes Wissen oder erwerben es

- *Wollen:* Die Mitarbeitenden sehen Grund, Nutzen und Notwendigkeit für die strategisch veranlassten Veränderungen ein. Sie zeigen Verständnis, sind motiviert und bereit, gemeinsam auf die Vision hin zu arbeiten
- *Können:* Die Strukturen und Rahmenbedingungen sind so ausgestaltet, dass sie die Mitarbeitenden in ihren Aufgaben unterstützen und fördern

Hier setzt Leadership in der Strategie-Umsetzung an: Führungskräfte befähigen ihre Mitarbeitenden auf die Vision hin zu arbeiten, indem sie das individuelle Wissen, Wollen und Können fördern und den organisationalen Dreiklang aus Strategie, Struktur und Kultur in Richtung Vision weiter entwickeln.

Eine koordinierte und engagierte Zusammenarbeit dieser Führungskräfte sowie starker Mitarbeitender, die trotz etwaiger Widerstände etwas bewegen wollen, verleiht dem Veränderungsprozess das nötige Momentum. Sinnvoll ist es, die Koordination dafür beim Programm-Management aufzuhängen. Gleichfalls ist es ratsam, sich zu Beginn noch einmal das Ausmaß des strategischen Wandels bewusst zu machen sowie sich die Veränderungsbereitschaft der einzelnen Anspruchsgruppen zu vergegenwärtigen.

5.3.2 Wissen und sein Management

Wissen meint die individuellen Kenntnisse und Fähigkeiten sowie die kollektive Wissens-, Daten- und Informationsbasis, auf die in einer Organisation für Lösungen zurückgegriffen werden kann.

Strategie und Wissen hängen auf dreifache Art zusammen. Erstens kann eine Strategie ohne Wissen weder entwickelt noch umgesetzt werden. In der Implementierungsphase ist es eine Notwendigkeit, dieses Wissen stufen- und funktionsadäquat in der sich verändernden Organisation zu verbreiten. Denn kennen Mitarbeitende die Gründe für ihr Tun, können sie mitdenken und sich selbst besser motivieren. Zweitens beeinflusst eine Strategie die Wissens-Schwerpunkte einer Organisation: Wissen, das heute notwendig ist, kann zukünftig überflüssig sein und umgekehrt. Der Wandel der Starrag AG vom Maschinenbauer zum Nischenanbieter ist dafür ein Beispiel: Einerseits kreierte die Organisation durch eigene Forschungen und Innovationen neues Wissen, andererseits erwarb es Wissen durch den Zukauf weiterer Unternehmen. Drittens verändert sich mit der Strategie-Umsetzung auch unbeabsichtigt die Wissensbasis einer Organisation: Wertvolles geht verloren, Neues entsteht.

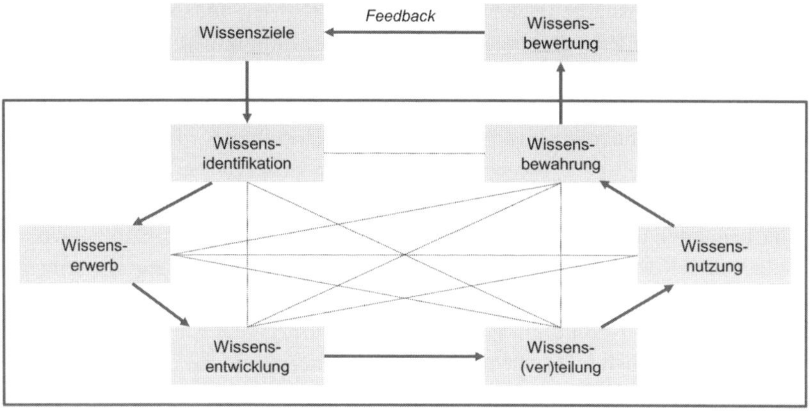

Abb. 5.10 Bausteine des Wissensmanagements

Entsprechend trägt ein bewusstes Wissensmanagement vor allem in Zeiten des Wandels zur organisationalen Stabilität bei. Es besteht aus mehreren Bausteinen, wie Abb. 5.10 nach [6] S. 32 zeigt.

Das Wissensmanagement hängt zunächst von den Wissenszielen ab: Sie geben allen weiteren Aktivitäten die Richtung vor. So ist nun zu fragen: Inwiefern verändern sich diese Ziele, das notwendige Wissen, aufgrund der neuen Strategie? Eine wesentliche Veränderung ist beispielsweise die, dass alle Mitarbeitenden die neue Vision und Strategie kennen sollten.

Auf Basis der Ziele sind das relevante, vorhandene Wissen zu inventarisieren sowie Lücken und Risiken zu lokalisieren. Hilfsmittel sind Interviews und Workshops, die in einer Wissenslandkarte münden, einem graphischen Verzeichnis der wesentlichen Kernkompetenzen und Wissensträger einer Organisation. Ausgangspunkte sind die Fragen: Wo herrscht Ungewissheit über vorhandenes Wissen? Wie lässt sich Transparenz schaffen?

Den wesentlichen Wissensdefiziten und Risiken ist zu begegnen. Möglichkeiten sind ein externer Erwerb und der planvolle interne Auf- und Ausbau von Wissen, dem Lernen. Wie zugespitzt formuliert die „Make or Buy“ Entscheidungen jeweils ausfallen, hängt unter anderem davon ab, was die Organisation zukünftig als eigene Kernkompetenzen ansieht, wie gut externes Wissen verfügbar ist und inwieweit die Organisation selbst Wissen rechtzeitig entwickeln kann.

Gleichfalls sollte das Wissen so fließen, dass es zur richtigen Zeit am richtigen Ort im richtigen Umfang verfügbar ist. Dem können Barrieren im Weg stehen, allen voran die, dass eine Organisation gar nicht weiß, was sie alles weiß. Diese gilt es, zu erkennen und wegzuräumen. Leitend sind die Fragen: Wer braucht zukünftig welches Wissen wann? Wie gelangt das Wissen effizient dorthin?

Auch in der Wissensnutzung kann es Hindernisse geben: Beispielsweise wenden Personen ihre Kenntnisse und Fähigkeiten deshalb nicht an, weil sie ihnen selbst nicht bewusst sind, die Rahmenbedingungen nicht stimmig sind, sie theoretisches Wissen nicht in die Praxis transferieren können oder sie schlichtweg nicht wollen. Organisationsinterne oder -übergreifende Communities of Practise, in denen Personen mit ähnlichen Aufgaben informell miteinander verbunden sind, gemeinsame Lernzirkel nach Trainingsmassnahmen, Coachings, Trainingspläne, Lerntagebücher, mit denen Mitarbeitende ihre fachlichen Entwicklungen nachhalten, sind einige der möglichen Gegenmittel.

Zudem ist die Wissensbewahrung gerade bei Veränderungen, die Personalwechsel mit sich bringen, ein akutes Thema. Idealerweise wurde in ruhigeren Zeiten bereits vorgesorgt: Kriterien, was bewahrungswürdig ist, sowie angemessene Speicherformen – zum Beispiel schriftliche Dokumente, Videos, Podcasts – sind vorhanden und werden regelmäßig befüllt beziehungsweise das dortige Wissen aktualisiert. Diese Kriterien sind ebenfalls an die neue Strategie anzupassen.

Zuletzt ist der Erfolg des Wissensmanagements zu bewerten. Das wirft die Fragen auf: Wie lassen sich die Veränderungen des Wissens messen? Was wird als Erfolg betrachtet? Das knüpft wiederum an die Wissensziele an.

5.3.3 Wollen – angeregt durch interne Kommunikation

Die interne Kommunikation dient, wie in Abschn. 5.3.2 angerissen, der Informations- und Wissensvermittlung zu Vision, Strategie und Umsetzungs-Fortschritten. Zugleich ist sie zentrales Mittel, um bei Mitarbeitenden Veränderungsbereitschaft zu erzeugen. Denn diese ist nicht selbstverständlich, und die Ursachen dafür sind vielfältig: Wenn eine Krise noch nicht spürbar ist, genügend Ressourcen vorhanden sind und die Führungskräfte von nichts anderem als Erfolg sprechen, dann ist es für Mitarbeitende nicht ersichtlich, warum sie etwas ändern sollen. Mit hinein spielt, dass es eine Wissenslücke zwischen denjenigen, die aktiv die Strategie mitgestaltet haben, und den sonstigen Anspruchsgruppen gibt (vgl. [4]). Auch kommt in der Umsetzungsphase häufig eine Zusatzbelastung auf Mitarbeitende zu. Das hemmt ihre Veränderungsbereitschaft weiter.

Um die Mitarbeitenden für die Veränderungen zu gewinnen, ist die Kommunikation darüber zentral, welches Zukunftsbild angestrebt wird, woraus sich

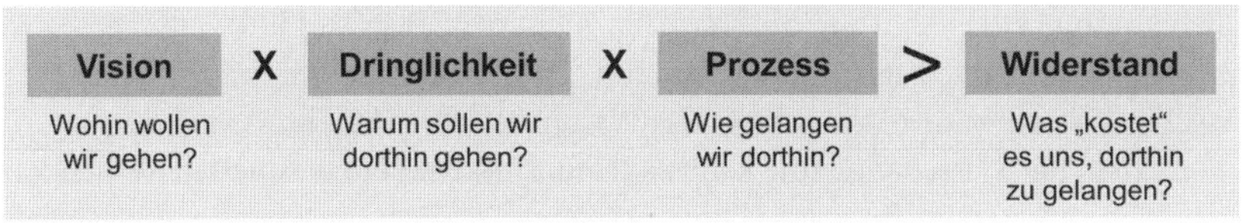

Abb. 5.11 Die „magische" Kommunikationsformel bei Veränderungen

der dringende Handlungsbedarf ergibt und wie der gemeinsame Weg dorthin ausgestaltet ist (vgl. Abb. 5.11).

Die Vision wurde im Strategie-Prozess entwickelt. Die Notwendigkeit für die Strategie begründet sich aus den Umfeld- und Organisations-Analysen. Der Prozess wird vor allem durch die strategischen Initiativen konkretisiert. Anhand des Prozesses kann den Mitarbeitenden ebenfalls der Kontext, die Art und das Ausmaß des Wandels erklärt werden: Was ist fix und was soll sich wann verändern? Diese Abgrenzung vermittelt Übersicht und Sicherheit. Nun besteht die Herausforderung darin, diese Botschaften den Mitarbeitenden möglichst konkret, stufengerecht und verständlich so zu vermitteln, dass sie gerne auf die Vision hinarbeiten.

Die Erfahrung zeigt, dass „Leidensdruck" oder „Dringlichkeit" eine wesentliche Triebfeder ist. Denn wer das Problem nicht sieht, ist für eine Lösung nicht zu begeistern und sei sie noch so treffend. Bei Appellen an die Vernunft und dem Erzeugen von emotionaler Betroffenheit sind der Kreativität kaum Grenzen gesetzt. Beispiele sind:

- Die wichtigsten ehemaligen Kunden werden für ein offenes Gespräch eingeladen, in dem sie erläutern, warum sie den Lieferanten gewechselt haben
- Rückmeldungen verärgerter Kunden werden im Kreis der Mitarbeitenden vorgelesen
- Mitarbeitende werden interviewt, ob sie die eigene Organisation als Arbeitgeber, Lieferant, Kunde weiterempfehlen würden mit der Angabe von Gründen
- Die SWOT-Zusammenfassung wird der Belegschaft gegenüber kommentiert
- Heutige Benchmarkings oder auf die Zukunft bezogene Wettbewerbsszenarien werden präsentiert, bei denen die eigene Organisation schlecht abschneidet
- Herausfordernde Ziel („stretched goals") werden gesetzt und zur Umsetzung vorgelegt

Für die interne Kommunikation stehen etliche Instrumente zur Verfügung: Etwa der Newsletter, die E-Mail an die Mitarbeitenden, Anschläge am Schwarzen Brett, das Intranet, Blogs, Video-Botschaften, Podcasts sowie verschiedene For-

Abb. 5.12 Sechs Schritte der Kommunikationsplanung

men persönlicher Gespräche vom bilateralen Gespräch über ein „Kamingespräch" in kleiner Runde mit der Geschäftsleitung bis hin zur Betriebsversammlung und großen Anlässen. Sie können danach unterschieden werden, ob sie zur Information oder im Dialog eingesetzt werden, wie aufwendig sie sind, wie viele Personen mit ihnen zugleich erreicht werden können und wie tief sie einzeln wirken: Senden sie oberflächliche Impulse aus, stossen sie ein Umdenken an oder bewirken sie gar eine Verhaltensänderung?

Hinsichtlich der Wirkungstiefe ist die persönliche Kommunikation der schriftlichen oder audiovisuellen Information vorzuziehen. Denn die Führung kann unmittelbar auf Fragen, Kommentare und Emotionen der Mitarbeitenden reagieren. Gleichfalls bezeugt sie mit ihrer Präsenz, dass die Veränderungen wichtig sind. Auch tragen Wortwahl und Symbolik zu einer gelungenen Kommunikation bei. Mit Symbolik sind bildhafte Darstellungen und Handlungen gemeint. Will zum Beispiel ein Bauunternehmer seine Aufbau- und Ablauforganisationen verbessern, ist das Bild einer Hausrenovierung für jeden seiner Mitarbeitenden eingängig. Möchte die Geschäftsleitung die Bürokratie verringern, dann würde die Verbannung aller Organigramme aus Präsentationen diese Botschaft tragen. Propagiert die Geschäftsleitung radikale Kostensenkungen und tauscht ihre Firmenwagen gegen kleinere Modelle ein, hat es ebenfalls Symbol- und zugleich Vorbildcharakter.

Insgesamt sind verschiedene Instrumente miteinander zu kombinieren, da sie sich gegenseitig verstärken können. Ihr Gebrauch ist zeitlich und inhaltlich aufeinander auszurichten, bestenfalls mittels einer Kommunikationsplanung. Eine solche Planung erfolgt in sechs Schritten wie Abb. 5.2.1 zeigt.

Daraus resultiert ein Kommunikationsplan: Er benennt, wer, was, wann und mit welchem Kommunikationsinstrument an wen mitteilt. Meilensteine in diesem Plan wären zum Beispiel die Auftaktveranstaltung zur Strategie-Umsetzung sowie viertel- oder halbjährliche Fortschrittsberichte mit Erfolgserlebnissen, die durch anderes Verhalten als bisher erzielt wurden („Musterbrecher") – im besten Fall persönlich durch die Geschäftsleitung. Insgesamt ist der Plan verständlich zu halten

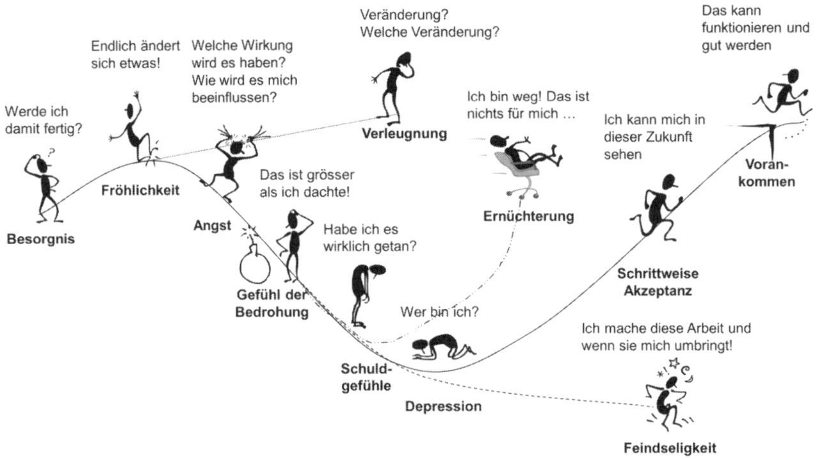

Abb. 5.13 Emotionale Dynamik von Change Management-Projekten

und regelmäßig zu aktualisieren. Idealerweise ist der Kommunikationsplan zudem einerseits auf die emotionale Dynamik in einem typischen Change Management-Projekt abzustimmen (vgl. Abb. 5.13 nach [1]). Andererseits sind der Verlauf der strategischen Initiativen und die Aktivitäten der externen Kommunikation in die Planung mit einzubeziehen. Denn erfährt die Belegschaft erst aus der Presse, dass zum Beispiel eine Geschäftssparte verkauft wird, verliert die Führung an Vertrauen.

Neben diesen geplanten Kommunikationen sind alle Führungskräfte gefragt, regelmäßig mit ihren Mitarbeitenden zu sprechen, ihnen zuzuhören und ihnen von Fortschritten und nächsten Schritten zu berichten. Kann zu vereinbarten Zeitpunkten noch keine Auskunft gegeben werden, so ist dies ebenfalls eine Nachricht wert – ebenso wie die Bekanntgabe, wann Informationen erwartet werden können. Diese Verlässlichkeit kann die Führung im Gegenzug ebenfalls einfordern.

Obwohl sich Situation, Inhalt und Empfängerkreis in der Kommunikation immer wieder unterscheiden, bleiben einige Daumenregeln gleich:

- Zentral ist, die Interessen und Bedürfnisse der Empfänger zu berücksichtigen. Vielleicht möchte die Geschäftsleitung Kosten senken, um den Organisationswert zu steigern. Für die Mitarbeitenden, die sich deshalb verändern sollen, sind hingegen ein gesicherter Arbeitsplatz, ein gutes Einkommen und spannende

Tätigkeiten attraktiv. Wird ein solcher Interessenkonflikt vernachlässigt, gehen die Botschaften bestenfalls ins Leere, schlimmstenfalls befeuern sie Widerstand

- Einer aktiven, offenen Kommunikation ist der Vorzug gegenüber einer reaktiven, defensiven Form zu geben. Denn es ist für das Betriebsklima und für nachfolgende Aktivitäten leichter, wenn Gerüchten und Spekulationen vorgebeugt wird. Die Balance zwischen zu viel Kommunikation und zu wenig lässt sich durch eine geeignete Vorbereitung halten: Beispielsweise hilft ein Sounding Board aus Betroffenen, das frühzeitig Rückmeldungen auf Vorhaben oder Situationseinschätzungen gibt, den Kommunikationsbedarf vorab einzuschätzen. Falls trotzdem negative Reaktionen der Belegschaft nach Aktivitäten verlangen, liegen Konzepte dafür bereits parat
- Ebenfalls ist eine stufen- und funktionsgerechte Kommunikation gefragt: Beispielsweise ist eine Rede gespickt mit Fremdwörtern eventuell bei Investorentreffen angebracht, aber vor dem eigenen Werkstatt-Personal sicher fehl am Platz. Die Wortwahl, die Art und Weise, wie Sachverhalte erläutert werden sowie wie viel Kontext es zum Verständnis braucht, sind dem Empfängerkreis anzupassen. Das ist allerdings nicht gleichzusetzen mit „Jedem etwas anderes erzählen". Hier gilt es, auf allen Ebenen inhaltlich konsistent zu bleiben
- Um die Schlüsselbotschaften der „magischen" Kommunikationsformel, bestehend aus wenigen und kurz gehaltenen Sätzen, bei den Mitarbeitenden zu verankern, kommuniziert sie die Führung klar und beharrlich immer wieder. Denn das Einprägen braucht Zeit und Wiederholungen – gemäss dem Spruch: Gehört ist noch nicht verstanden, verstanden ist nicht einverstanden, einverstanden ist nicht behalten, behalten ist nicht angewandt und angewandt ist nicht beibehalten. Das soll jedoch nicht in Eintönigkeit münden. Ein Mittel dagegen ist Storytelling: Lebendig erzählte, mit Metaphern ausgeschmückte Geschichten fesseln die Aufmerksamkeit anderer eher als eine nüchterne Rede. Die Schlüsselbotschaften lassen sich nach folgendem Schema einflechten: Kündigen Sie an, was Sie sagen werden. Sagen Sie es. Und dann fassen Sie zusammen, was Sie gesagt haben
- Geschichten oder plakative Formulierungen sind aber nicht ausreichend: Erst wenn Mitarbeitende den Kontext und die innere Logik der Botschaften begreifen, können sie ihr Handeln sinnvoll darauf ausrichten. Vertrauen und Glaubwürdigkeit schafft, wer dabei ehrlich, möglichst genau und verständlich Auskunft gibt, was die Strategie für den Alltag bedeutet
- Gleichzeitig ist Sensibilität und Bedacht angesichts individueller Befürchtungen angebracht. Deshalb ist dem Zuhören ein mindestens ebenso großer Stellenwert einzuräumen wie dem Reden in einer Haltung des Zutrauens und des Vertrauens

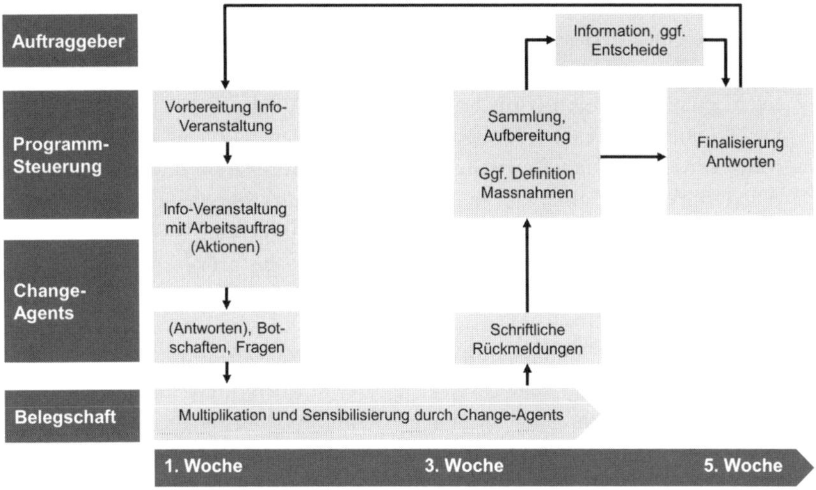

Abb. 5.14 Change-Agent Prozess

- Zuletzt sollte der nonverbale Teil die Kommunikation ergänzen, getreu dem Motto „Was gesagt wird, wird auch gelebt": Machtvolle Vorbilder sowie schnelle und sichtbare Erfolge zeigen allen, dass der Wandel möglich ist und Nutzen stiftet

Bei großen Veränderungsprozessen leisten „Change-Agents" wertvolle Unterstützung. Change-Agents sind ausgewählte Personen aus allen Organisationsebenen und -bereichen. Die Programm-Steuerung informiert sie auf eigens organisierten Veranstaltungen zu einzelnen Themen der Strategie-Umsetzung. Die Aufgabe der Change-Agent ist es dann, diese Botschaften in Sitzungen oder bei informellen Treffen mit ihrem Arbeitskollegium in eigenen Worten weiterzugeben, Rückmeldungen zu sammeln und diese anonymisiert wieder zurück an die Programm-Steuerung zu leiten. Durch die Rückmeldungen ist die Programm-Steuerung am Puls der Mitarbeitenden. Sie kann Stimmungen und Anregungen aus der Belegschaft rasch aufgreifen und auf Gefährdungen der Strategie-Umsetzung rechtzeitig reagieren. Bei Bedarf zieht sie den Auftraggeber (siehe Abschn. 6.2.2) hinzu (vgl. Abb. 5.14).

Auch im Transformationsprozess der EAV haben sich Change-Agents bewährt. Alle sechs bis acht Wochen fand eine Veranstaltung statt. An diesen Sitzungen präsentierte und erläuterte ihnen die Programm-Steuerung mit Unterstützung des Programm-Büros beispielsweise die Vision, die strategischen Initiativen und

Tab. 5.8 Beispiele für Rückmeldungen von Change-Agents

Betreff	Rückmeldung
Verankerung der Vision und Kernziele in der Organisation	„Anschlagbretter für die Kommunikation der Vision und Kernziele nutzen! Wir denken, dass die Mitarbeitende sie dort auch anschauen."
Zielvereinbarungsgespräche	„Das Thema Zielvereinbarungsgespräche regte eine große Diskussion an. Zentrales Thema war die Aus- und Weiterbildung. Ich sehe hier einen wesentlichen Handlungsbedarf: Wie kann über sinnvolle Aus- und Weiterbildungen nachgedacht und entschieden werden, wenn die konkrete berufliche Funktion bei der Zollverwaltung in Zukunft ungewiss ist? Können dazu weitere Informationen gegeben werden?"
Sicherheit Arbeitsplatz	„Es sind Ängste über einen möglichen Job-Verlust vorhanden. Sie werden durch Spekulationen im Kreis der Arbeitskollegen verstärkt."
Sicherheit Arbeitsplatz	„Man munkelt, dass sich die zukünftige EAV aus den Personen zusammensetzen wird, die im alten Gebäude untergebracht sind. Man nimmt an, dass die Mitarbeitenden im Neubau eher in Gefahr sind, die EAV „verlassen" zu müssen."

deren (Zwischen-)Resultate, die Ergebnisse der jährlichen Personalumfrage oder Entscheidungen des Bundesrates. Dazu bekamen die Change-Agents themenspezifische Unterlagen und Arbeitsaufträge für die Kommunikation gegenüber ihrem Arbeitskollegium.

Je nach Auftrag waren die Rückmeldungen der Change-Agents vielfältig. Sie reichten von Sachfragen über Handlungsempfehlungen bis hin zur Kommunikation von Emotionen und Gerüchten in der Belegschaft. Beispiele dafür finden sich in Tab. 5.8.

Die Antworten auf die Rückmeldungen der Change-Agents wurden durch das Programm-Büro aufbereitet sowie durch die Programm-Steuerung und die Geschäftsleitung verabschiedet. Danach wurden sie wiederum an die Change-Agents zur Kommunikation an die Belegschaft gesandt. Je nach Bedarf konnte die Programm-Steuerung auch Sofort-Maßnahmen einleiten, um Themen zu klären und die Organisation zu stabilisieren. Nebenbei führte dieses Instrument dazu, dass alle Mitarbeitenden die Tätigkeitsfelder anderer Organisationsbereiche besser kennenlernten.

5.3.4 Zum Können befähigen

Mitarbeitende wissen über die Vision und die Strategie Bescheid. Sie haben sich das notwendige Wissen angeeignet, und wollen ihren Beitrag erbringen. Ob sie das jedoch umsetzen können, hängt von den Rahmenbedingungen, der Struktur und der Kultur einer Organisation ab. Leadership zeigt sich hier dadurch, dass die benötigten Instrumente und Ressourcen zur Verfügung gestellt, die Vorgaben und die Spielräume zur Mitgestaltung explizit gemacht, kulturelle und strukturelle Hindernisse abgebaut und so die Mitarbeitenden auf breiter Basis befähigt werden.

Dabei ist es herausfordernd, einerseits ein Gleichgewicht zwischen Bewahrung und Veränderung zu finden. Eine Führungskraft ist gefragt zu erkennen, welche etablierten Strukturen und Kulturelemente die Veränderung konstruktiv mittragen und was selbst verändert werden muss. Dazu kann sie mit ihren Mitarbeitenden klären: Was begrenzt und hindert sie im Arbeitsalltag? Wie wäre es, wenn die Grenzen und Hindernisse verschwänden? Was bräuchte es, um sie zu beseitigen?

Andererseits braucht es eine Balance zwischen Dynamik und Stabilität. Dynamik drückt sich durch die Entwicklung von Neuem aus, seien es etwa neue Prozesse, Strukturen, Verhaltensweisen oder Produkte und Dienstleistungen. Solche Entwicklungen setzen eine fehlertolerante Kultur voraus, die sich durch zwei Sprichwörter charakterisieren lässt: „Wer nichts wagt, der nichts gewinnt." Und: „Nur der, der nichts macht, macht keine Fehler." Selbstredend ist aus den Fehlern zu lernen. Das führt zur Kultivierung von professionellem Feedback: Es sollte möglichst unmittelbar erfolgen, so konkret wie möglich sein, Wahrnehmbares schildern und nicht interpretieren. Tabu sind abwertende Bemerkungen und persönliche Angriffe. Stabile Phasen erlauben es dann, das Neue in das Arbeitsumfeld einzupflanzen. Dauerhafte soziale Beziehungen, Zeit und Raum für den Transfer, der Erfahrungsaustausch mit anderen Betroffenen sowie eine erhöhte Aufmerksamkeit der Führung, ausgedrückt zum Beispiel durch wöchentliche kurze Treffen, in denen Geschehnisse reflektiert werden, unterstützen dies. Die Erfahrung lehrt hier allerdings, dass es mit einer Einführung nicht getan ist. Denn achten Führungskräfte und Belegschaft nicht gemeinsam und langfristig darauf, Neues beizubehalten, brechen schneller als gedacht alte Muster wieder durch.

Über alle Phasen hinweg ist es auch Aufgabe der Führung, Widerstände zu verringern und unterstützende Kräfte in für die Veränderung zu nutzen. Basierend auf einer aktualisierten Kraftfeld-Analyse legt sie eine Taktik im Umgang mit den einzelnen Anspruchsgruppen fest. Dabei ist es empfehlenswert, gezielt Sponsoren, Macht-, Beziehungs-, Prozess- und Fachpromotoren im Programm-Management und/oder in einzelnen strategischen Initiativen einzusetzen. Ein Sponsor ist eine Top-Führungskraft, die Ressourcen zur Verfügung stellt, dafür gewisse Gegenleistungen erwartet, aber sich klassischerweise ansonsten zurückhält. Machtpromotoren sind Führungskräfte, die das Strategie-Programm sichtbar und rege mittragen. Sie sind vor allem wichtig, wenn strategische Initiativen quer zu den Hierarchien verlaufen. Denn sie können Akzeptanz und Handlungsspielraum schaffen, bereichsübergreifend Schwierigkeiten lösen und Vorbilder sein. Ein Beziehungspromotor ist ein gut vernetzter, talentierter Koordinator und Kommunikator. Prozesspromotoren wissen viel über organisationale Strukturen und Prozesse. Fachpromotoren bereichern den Veränderungsprozess mit Experten- und Methoden-Kenntnissen (vgl. [7]).

Top-Management als Sponsoren und Promotoren – was steckt dahinter?
In der klassischen Change-Literatur spielen die obersten Führungskräfte oft die ausschliessliche Rolle des Sponsors. Gemäss Probst [5] sehen sie sich selten in einer aktiven Rolle im Change Management und sie wird ihnen auch nur vereinzelt angetragen. Ursachen dafür sind vielfältig, zum Beispiel eingefahrene Denkmuster, das Rollenverständnis eines repräsentierenden, kontrollierenden Managements, änderungsfeindliche Anreizstrukturen, geringere Bereitschaft zur Risikoübernahme oder Distanz zum Organisationsalltag. Die aktive Einbindung des Top-Managements in ein Veränderungs-Projekt ermöglicht es jedoch, Herausforderungen des Change Managements nicht nur aus Mitarbeitersicht sondern ebenso in Bezug auf das Top-Management zu thematisieren.

Das Top-Management kann aktiv in verschiedenen Hinsichten mitwirken. Neben der beschriebenen Rolle als Machtpromotor kann es Denk-Möglichkeiten schaffen, aktiver Sparringpartner, Coach und Mentor sein, durch Veränderungs-Projekte den Kontakt zur Geschäftsbasis halten und pflegen, als Vorbild wirken, die Visibilität für die Veränderung oder die Klammer um die Sach- und die Beziehungsebenen bilden.

Spiegelbildlich dazu scheitern Strategie-Umsetzungen häufig am Missmanagement von (potenziellen) Sponsoren und Machtpromotoren: Sie werden nicht früh genug gewonnen, sie verpflichten sich zwar, engagieren sich aber nicht oder wandeln sich zu Opponenten, weil sie nicht genügend mitwirken können.

5.3.5 Fallbeispiel Bühler AG: Wenn ein Markt für ein Produkt gewonnen werden muss

Weltweit leiden mehr als zwei Milliarden Menschen am sogenannten unsichtbaren Hunger nach Mikronährstoffen wie Vitamin A, Folsäure, Jod, Eisen oder Zink, verursacht durch Mangelernährung. Beispielsweise erblindet alle vier Minuten ein Mensch, weil es ihm an Vitamin A fehlt. Ein Eisendefizit kann die geistige und körperliche Entwicklung von Kindern einschränken, ohne dass es klinisch auffällig wird. Jodmangel löst oft Missbildungen des Skeletts, Sprachstörungen und Schwerhörigkeit aus. Weitere Folgen des „hidden hunger“ sind eine verminderte Vitalität und Leistungsfähigkeit bei Erwachsenen. Die volkswirtschaftliche Entwicklung ganzer Länder wird so beeinträchtigt.

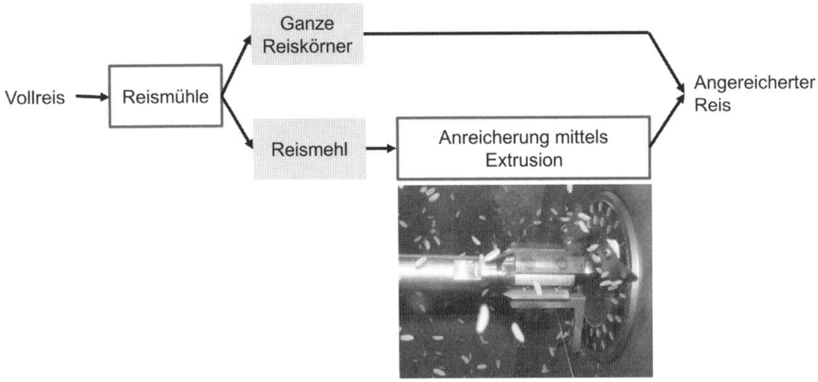

Abb. 5.15 Produktionsprozess (vereinfachte Darstellung)

Die Ursache ist häufig eine einseitige Ernährung mit stärkehaltigen, energiereichen Nahrungsmitteln wie Reis, Weizen oder Mais. Für mehr als zwei Milliarden Menschen ist weißer Reis das Hauptnahrungsmittel. Dieser wird hergestellt, indem vom Reisvollkorn die äussere Schicht, die sogenannte Reiskleie, mit Reissschleifmaschinen entfernt wird. Dadurch gehen die meisten Mineralien und Vitamine verloren. Die Konsumenten nehmen mit dem polierten, weißen Reis die nötigen Kalorien auf, werden jedoch nicht ausreichend mit Mikronährstoffen versorgt.

Der Lösungsansatz von Bühler und DSM Der Technologie-Konzern Bühler ist Spezialist und Technologiepartner im Maschinen- und Anlagebau mit Dienstleistungen bei der Verarbeitung von Grundnahrungsmitteln wie Weizen, Mais, Kakao und Reis. Die Business Unit „Nutrition Solutions" hat die strategische Aufgabe, neue Geschäftsmodelle für Bühler zu entwickeln mit innovativen Lösungen für die Lebensmittelindustrie.

Zusammen mit dem Chemie-Konzern DSM erkannte die Business Unit „Nutrition Solutions" die Notwendigkeit, die unterernährte Weltbevölkerung mit nährstoffreichen Nahrungsmitteln zu versorgen. Gemeinsam entwickelten sie in einem vierjährigen Prozess, in dem Bühler das technologische Know-how und DSM das Wissen über Mikronährstoffe lieferte, ein neues Produktionsverfahren. Bei diesem Verfahren werden aus Reismehl unter Zugabe von Vitaminen und Mineralstoffen mittels Extrusion neue Reiskörner rekonstituiert (vgl. Abb. 5.15).

Dabei wird das Reismehl aus einem Nebenprodukt der Reismühle gewonnen, den gebrochenen Reiskörnern. Bei der normalen Reisverarbeitung fallen sie zu ca. 20 % an. Obwohl diese ernährungsphysiologisch einwandfrei sind, toleriert der asiatische Konsument keinen hohen Anteil Bruchreis. Dieses Produkt wird als Futtermittel weit unter seinem wahren Wert verkauft. Mit dem neuen Verfahren kann somit nicht nur ein hochwertiges, vitaminiertes Produkt hergestellt werden, sondern zugleich wird der Bruchreis aufgewertet. Auch lassen sich die Reiskörner in ihrer Form, Farbe und Konsistenz so herstellen, dass sie mit blossem Auge nicht mehr von natürlich gewachsenen Reiskörnern zu unterscheiden sind. Dadurch akzeptiert sie der asiatische Konsument. Die rekonstituierten und vitaminierten Reiskörner werden im Verhältnis von 1: oder 2:100 dem herkömmlichen Reis beigemischt. Der Konsument erhält so ausreichend Mikronährstoffe, die während des Kochens nicht verloren gehen, weil sie in die Matrix des Reiskorns eingebettet sind. Der Reismüller kann für die gebrochenen Reiskörner etwas mehr verlangen, als es ihm bei Tierfutter möglich ist.

Für Bühler war das Projekt strategischer Natur. Dieses diente zum Aufbau eines neuen Geschäftsmodells. Bislang verfügte Bühler über eine hohe Technologie-Kompetenz zum Beispiel zur Herstellung von Mühlen oder Pasta-Produktionsmaschinen mit einem soliden Verfahrenswissen, zum Beispiel im Fall des Herstellungsprozesses von Pasta. Um Lebensmitteltechnologien zu optimieren und für Mitbewerber schwer imitierbare Innovationen hervorzubringen, bedarf es heute jedoch zusätzlich des Fachwissens über Zutaten von Lebensmitteln und deren Anwendung. Das Projekt sollte dazu beitragen, dieses Fachwissen bei Bühler auf- und auszubauen.

Marktbezogene Herausforderungen bei der Produktlancierung Das neuartige Verfahren wollten Bühler und DSM in den reisproduzierenden Ländern verkaufen. Zunächst sollte das Produkt auf dem chinesischen Markt eingeführt werden. Bühler würde den Reismüllern die Maschine und DSM die Mikronährstoffe des NutriRice™ liefern. Dazu waren vorab umfangreiche Marktstudien durchgeführt und diverse Businesspläne entwickelt worden. Ferner verfügte Bühler durch den Verkauf von Reismühlen in China bereits über einen soliden Kundenstamm. Als das Produkt auf dem chinesischen Markt lanciert wurde, sahen sich Bühler und DSM jedoch mit unerwarteten Hindernissen konfrontiert.

Die unmittelbarste Herausforderung war, dass die Reismüller das – aus westlicher Sicht absolut sinnvolle Produkt – nicht kaufen wollten. Der Grund war einerseits, dass die Produktlancierung just mit dem Melamin-Skandal in China zusammenfiel: Milchprodukte wurden verbotenerweise mit Melamin angereichert, einer gesundheitsgefährdenden Substanz, die in der Kunststoffherstellung verwendet wird. Als Folge davon waren die Konsumenten in Bezug auf Nahrungsmittelzusätze zutiefst beunruhigt. Die Reismüller wollten den Reis – das wichtigste

Grundnahrungsmittel Chinas – nicht anreichern. Die andere Ursache hing mit dem traditionellen Handwerker-Verständnis der Reismüller zusammen. Bislang hatten sie die Technologie für die Verarbeitung des Vollkornreises hin zum weißen Reis eingesetzt. Zu fremd war ihnen jedoch die Technologie, in der ein Reiskorn rekonstituiert sowie mit „chemischen Additiven" angereichert wurde.

Bühler und DSM mussten deshalb die Reismüller langsam an das Produkt heranführen. Dazu gründeten sie das Joint Venture Wuxi NutriRice™ Co. Ltd. Anstelle der Reismüller sollte dieses aus dem Bruchreismehl NutriRice™ -Körner herstellen. Die Reiskörner wurden anschliessend an die Reismüller verkauft. Dadurch erhielten sie die Möglichkeit, das neue Produkt „vitaminierter Reis" ohne Risiken auf Akzeptanz am Markt zu testen. War der Reismüller vom Produkt überzeugt, konnte er weiterhin NutriRice™ -Körner vom Joint Venture kaufen. Ab einer bestimmten Absatzmenge würde es für ihn kostengünstiger werden, den NutriRice™ selber zu produzieren. Dann würde er die Technologie von Bühler kaufen. Da die Reismüller bis anhin ein einfaches Grundnahrungsmittel verkauft hatten, war bei ihnen das Fachwissen zur Vermarktung des funktionellen NutriRice™ nur begrenzt vorhanden. Diesem Umstand wurde durch entsprechende Marketing-Unterstützung abgeholfen. Nach drei Jahren und beträchtlichen Investitionen arbeitete das Joint Venture kostendeckend.

Bei der Einführung des NutriRice™ beim Endkunden stellte sich heraus, dass dieser das NutriRice™ -Korn andersfarbig als den restlichen Reis wünschte. Denn die Endkunden glaubten nur an die Existenz des NutriRice™ -Korns, wenn sie es von anderen Reiskörnern unterscheiden konnten. Hier zeigt sich, wie schwierig es ist, trotz umfassender Marktstudien das Kundenverhalten in einem neuen Markt vorherzusehen. Woher hätte man wissen sollen, dass die Chinesen farbige NutriRice™ -Körner bevorzugen, wenn sie sonst alle anders gefärbten Reiskörner herauslesen? Wäre dies vorher bekannt gewesen, hätte der Teil der Entwicklungskosten für die Konstruktion eines perfekten Reiskorn-Imitates eingespart werden können.

Politische Herausforderungen Bühler und DSM sahen sich auch mit Hindernissen auf politischer Ebcnc konfrontiert. Aufgrund des Melamin-Skandals begann die chinesische Regierung, neue Nahrungsmittel-Gesetze auszuarbeiten. Solange diese noch nicht publik waren, waren die Nahrungsmittelproduzenten und die Konsumenten stark verunsichert und sehr zurückhaltend gegenüber Neuerungen. Ferner verlangte die chinesische Regierung den Nachweis, dass die deklarierte Menge an Vitaminen und Mineralien im NutriRice™ von unabhängiger Stelle nachgewiesen wurde. Bühler und DSM vergaben den Auftrag dazu an chinesische Labors. Da diese bislang kaum solche Messungen durchgeführt hatten, konnten diese weder auf Erfahrungswissen, noch auf adäquate Messinstrumente zurückgreifen. Die Folge war, dass ihre Messungsergebnisse nicht mit denjenigen von Bühler und DSM übereinstimmten. Diese Differenzen der Regierung auf äußerst geschickte und diplomatische Art und Weise zu erklären, war anspruchsvoll, denn Kritik kann in China zu einem „Gesichtsverlust“ führen. Auch stellte sich die Patentierung des Verfahrens in China als große Hürde heraus. Für die chinesischen Behörden war es eine heikle Situation, zwei ausländischen Unternehmen ein Patent in Bezug auf die Verarbeitung ihres wichtigsten Grundnahrungsmittels zu geben. Zuletzt galt es, die Regierung zur Zusammenarbeit zu bewegen, um die vornehmlich unterernährte Landbevölkerung mit dem NutriRice^{TM} erreichen zu können. Solche Prozesse in Gang zu setzen, dauert Jahre.

Leadership als zentraler Erfolgsfaktor Die Fallstudie von Bühler/DSM beinhaltet typische Stolpersteine in Strategie-Umsetzungen. Die Herausforderungen werden im Folgenden erläutert. Häufig wird bei der Umsetzung einer Strategie Neuland betreten. Abklärungen können und müssen vorher vorgenommen werden, irgendwann greifen sie jedoch ins Leere. Zu viele Faktoren – gerade unvorhersehbare – spielen mit. So können sich zum Beispiel unerwartet Rahmenbedingungen ändern, wie es im vorliegenden Fall durch den Melamin-Skandal geschehen ist.

Die grösste Herausforderung einer Strategie-Umsetzung besteht indes in der Kultur, welche von der Veränderung betroffen ist. Sei es nun die Kultur einer Organisation oder die kulturellen Ausprägungen einer Nation: Veränderungen zielen immer auf die Änderungen von Einstellungen und Verhaltensweisen bei Individuen. Bühler und DSM sahen sich hochgradig mit kulturellen Andersartigkeiten konfrontiert. So wird in China im Vergleich zur Schweiz oder Deutschland viel stärker versucht, Unsicherheiten zu vermeiden und die Zukunft zu kontrollieren. Die Forscher für interkulturelle Differenzen, Hofstede und Bond, fassten diese Einstellung der Chinesen einst wie folgt zusammen: „What is true or what is right is less important than what works” [2]. So war denn den Reismüllern das neue Produkt zu fremd, um den Produkterfolg abzuschätzen. Das Risiko schien ihnen zu hoch und folglich kauften sie die NutriRice^{TM} -Technologie nicht.

Um Veränderungen zu bewirken, bedarf es kommunikativer Höchstleistungen. Bei den meisten Wandelprozessen sind es primär die Mitarbeitenden, die dafür gewonnen werden müssen, indem sie vom Nutzen, Sinn und Zweck der Strategie überzeugt werden. Für Bühler und DSM galt es hingegen, den chinesischen Markt für das neue Produkt zu gewinnen. Dabei ist der Verkauf von komplexen Produkten wie angereicherte Nahrungsmittel anspruchsvoll, weil der Produktnutzen aufgrund seines wissenschaftlichen und innovativen Hintergrundes nicht so einfach zu erklären ist. Kommunikativ herausfordernd ist es, trotzdem den Produktnutzen in einer klar verständlichen Botschaft zu vermitteln.

Zudem ist es in Veränderungsprozessen kommunikativ fordernd, die wesentlichen Stakeholder zu bedienen, mit einzubeziehen und schließlich zu führen. Den Mitarbeitenden, Lieferanten, Kunden, Geldgebern und weiteren Stakeholdern sind die Sachverhalte zu erläutern. Sie sind zu überzeugen, Veränderung einzugehen und mitzutragen. Mit jedem Stakeholder ist dabei individuell zu kommunizieren. Im Fall von Bühler/DSM war Kommunikation an allen Fronten besonders stark gefordert. Da der Markt zu entwickeln war, galt es die verschiedenen Markteilnehmer, d. h. Produzenten, Einkäufer und Konsumenten plus die Regierung über das Produkt aufzuklären, damit dieses akzeptiert, produziert, vertrieben und gekauft wird. Die unerwarteten Verzögerungen benötigten die Motivation der Mitarbeitenden zum Durchhalten. Ferner war regelmäßig sicherzustellen, dass das Management das Projekt weiterhin vollumfänglich mittrug.

Der Ressourcenbedarf einer Strategie-Umsetzung ist eine weitere Herausforderung. Veränderungsprozesse brauchen Zeit und sind mit entsprechenden Kosten verbunden. Hierbei spielt es eine Rolle, ob ein Unternehmen in Familienbesitz oder börsenkotiert ist. Im Gegensatz zu börsenkotierten Unternehmen wird ein Familienunternehmen nicht vom Quartalsdenken dominiert. Die langfristige Perspektive von Familienunternehmen kommt damit Strategie-Umsetzungs-Projekten zugute. Gerade im Aufbau eines neuen Marktes und eines neuen Geschäftsmodells wie bei Bühler bedarf es einer Orientierung an der langfristigen Wertsteigerung des Unternehmens.

Betrachtet man die breite Palette an Herausforderungen einer Strategie-Umsetzung, so kristallisiert sich der zentrale Erfolgsfaktor für Veränderungsprozesse heraus: Leadership. Es braucht mindestens einen Fahnenträger im Projekt, der mit seinem unbeirrbaren Glauben an das Projekt und seinem starken Umsetzungswillen, Stolpersteine aus dem Weg räumt, Rückschläge weg steckt und Durststrecken aushält. Seine Führung ist unabkömmlich, wenn es darum geht, die Stakeholder für das Projekt zu gewinnen, die feste Überzeugung an den Projekterfolg aufrecht zu erhalten, eine Führungskoalition zu bilden, das Ziel kontinuierlich im Fokus zu behalten, die Beteiligten zu motivieren und die notwendigen finanziellen Mittel bereitzustellen.

Kurzcheck Change Management

- Ist jemand, ist ein Team für die Koordination des Change Managements zuständig?
- Über welchen Zeithorizont und über welche Anspruchsgruppen erstreckt sich der strategische Wandel Ihrer Organisation?

- Herrscht in Ihrer Organisation ein weit verbreitetes Gefühl, dass strategischer Wandels notwendig ist beziehungsweise wie können Sie es herbeiführen?
- Inwiefern verändern sich die Wissensziele Ihrer Organisation aufgrund der neuen Strategie?
- Sind allen in Ihrer Organisation die Vision sowie die strategische Ausrichtung klar?
- Welche Verhaltensänderungen werden bei Ihren Mitarbeitenden notwendig?
- Welche Ziele und Eckpunkte im Veränderungsvorhaben sind unverrückbar? Und wo können die Betroffenen die Veränderungen mitgestalten?
- Welche kulturellen und strukturellen Muster sind förderlich, welche hinderlich für den zukünftigen Erfolg Ihrer Organisation?

Literatur

1. Fisher, J. M. (2000). Creating the Future? In J. W. Scheer (Hrsg.), *The person in society: Challenges to a constructivist theory* (pp. 428–437). Giessen: Psychosozial-Verlag.
2. Hofstede, G., Bond, M. H. (1988). The confucius connection: From cultural roots to economic growth. *Organizational Dynamics, 16*(4), 4–21.
3. Kaplan, R. S., Norton, D. P. (1996). *The balanced scorecard: Translating strategy into action.* Cambridge: Harvard Business Review Press.
4. Kotter, J. (2011). *Leading Change. Wie Sie Ihr Unternehmen in acht Schritten erfolgreich verändern.* München: Vahlen.
5. Probst, G. (2000). Veränderungen im Unternehmen: Führen statt Verwalten. *Leadership* 1 (S. 6–13). Zürich: Knight Gianella.
6. Probst, G., Raub, S., Romhardt, K. (2013). *Wissen managen: Wie Unternehmen ihre wertvollste Ressource optimal nutzen* (7. Aufl). Wiesbaden: Gabler.
7. Thom, N., Ritz, A. (2007). *Public Management. Innovative Konzepte zur Führung im öffentlichen Sektor. 4., akt. Aufl.* Wiesbaden: Gabler.

Strategie-Kontrolle und Review 6

Zusammenfassung

Neben den in Kap. 6. geschilderten Aktivitäten wird die Umsetzung und Weiterentwicklung der Strategie durch drei weitere Massnahmen flankiert. Erstens unterstützt das Erfolgs-Controlling darin, die strategischen Initiativen effektvoll auf Kurs zu halten: Es signalisiert die Bedeutsamkeit der Vorhaben, erleichtert Führungsaufgaben und weist rechtzeitig auf Planabweichungen hin. Zweitens sind die Frühwarn-Indikatoren im Netzwerk im Auge zu behalten. Dadurch kann die Organisation rechtzeitig auf Unvorhergesehenes reagieren. Drittens tragen diese Informationen zum strategischen Lernen von Organisationen bei. Denn nur durch einen bewusst und konsequent initiierten Lernprozess kann eine Organisation in der Entwicklung und Umsetzung ihrer Strategie besser werden. Das erfordert Reflexion, Analysen und Schlussfolgerungen. Dafür sollten sich die Beteiligten Zeit nehmen – zum Beispiel in regelmässig angesetzten Strategie Reviews, in denen sie die Strategie an etwaige neue Umstände anpassen (Abb. 6.1).

6.1 Erfolgs-Controlling

Das Erfolgs-Controlling (im Programm-Management das Programm-Controlling) unterstützt darin, die Strategie-Umsetzung auf Kurs zu halten, und zwar zum einen durch seine grundsätzliche Signalwirkungen: Es demonstriert, dass die Veränderungen ernsthaft und anhaltend verfolgt werden. Gemäss dem Motto „Was gemessen wird, wird getan" erleichtert es auch Führungsaufgaben. Zum anderen zeigt es frühzeitig auf, wenn Initiativen anders verlaufen als geplant. Ohne Controlling bemerken Beteiligte manche Fehlentwicklungen erst (zu) spät, weil sie ihre

G. Probst, C. Wiedemann, *Strategie-Leitfaden für die Praxis*,
DOI 10.1007/978-3-658-02159-7_6, © Springer Fachmedien Wiesbaden 2013

Tab. 6.1 Potenzielle Quellen für Abweichungen (Auswahl)

In der Umsetzung	In der Wirksamkeit
Die Ressourcen wurden falsch oder ungenügend eingesetzt	Die Annahmen für die Strategie haben sich geändert oder waren unzutreffend
Die strategischen Initiativen waren zu ehrgeizig oder unter falschen Annahmen geplant	Es wurde eine suboptimale oder eine falsche Strategie gewählt
Die strategischen Initiativen wurden ineffizient und/oder unmotiviert ausgeführt	Die strategischen Zielsetzungen waren zu tief/zu hoch
Es ergaben sich unerwartete Widerstände bei der Strategie-Umsetzung	

Erwartungen ständig und unmerklich an der Realität ausrichten. Vorzugsweise jedoch können alle bei Abweichungen noch agieren und nicht nur reagieren. Denn oft ist ein später, erzwungener Interventionsaufwand weitaus anstrengender.

So überprüft das Controlling erstens die Fortschritte und Erfolge der strategischen Initiativen im Vergleich zu ihrer Planung. Zweitens analysiert es die Wirksamkeit der strategischen Initiativen in Hinblick auf die Ziele: Werden sie mit den strategischen Initiativen erreicht? Als Grundlage dienen die Statusberichte der strategischen Initiativen und die Messungen von Ziel- und Etappenwerten, die mit den geplanten Werten verglichen werden. Diese Informationen erhält das Erfolgs-Controlling regelmäßig von den Leitungen der strategischen Initiativen und von den für die Messungen verantwortlichen Personen. Die Verantwortlichen sowie der Rhythmus wurden bei den Ziel- und Etappenwerten festgelegt.

Weil die Wirklichkeit nicht im Detail planbar ist, werden sich naturgemäss Abweichungen ergeben. Auf eine sklavische Einhaltung der Pläne zu bestehen, geht an der Realität vorbei. Stattdessen ist mit den Abweichungen umzugehen: Sind signifikante Unterschiede zwischen Ist- und Soll-Zustand feststellbar, sucht das Controlling gemeinsam mit den Leitungen der strategischen Initiativen nach den Ursachen (vgl. Tab. 6.1) und möglichen Korrekturen.

Das Fallbeispiel Bühler AG zeigt, wie Lücken zwischen Ist- und Soll-Zustand unter anderem auf unzutreffende Annahmen zurückzuführen sind: Trotz des Kundenstamms, den Bühler bereits durch den Verkauf von Reismühlen in China hatte, war das Unternehmen zunächst nicht darauf vorbereitet, dass das Handwerker-Verständnis ihrer Kunden der neuen Technologie entgegen stand. Und wäre Bühler nicht davon ausgegangen, dass die Endkunden nur weiße Reiskörner akzeptieren, hätte es Zeit und Entwicklungskosten gespart.

Als Untersuchungs-Systematik bietet sich die Methode „After Action Review" (AAR) an (vgl. Abb. 6.2).

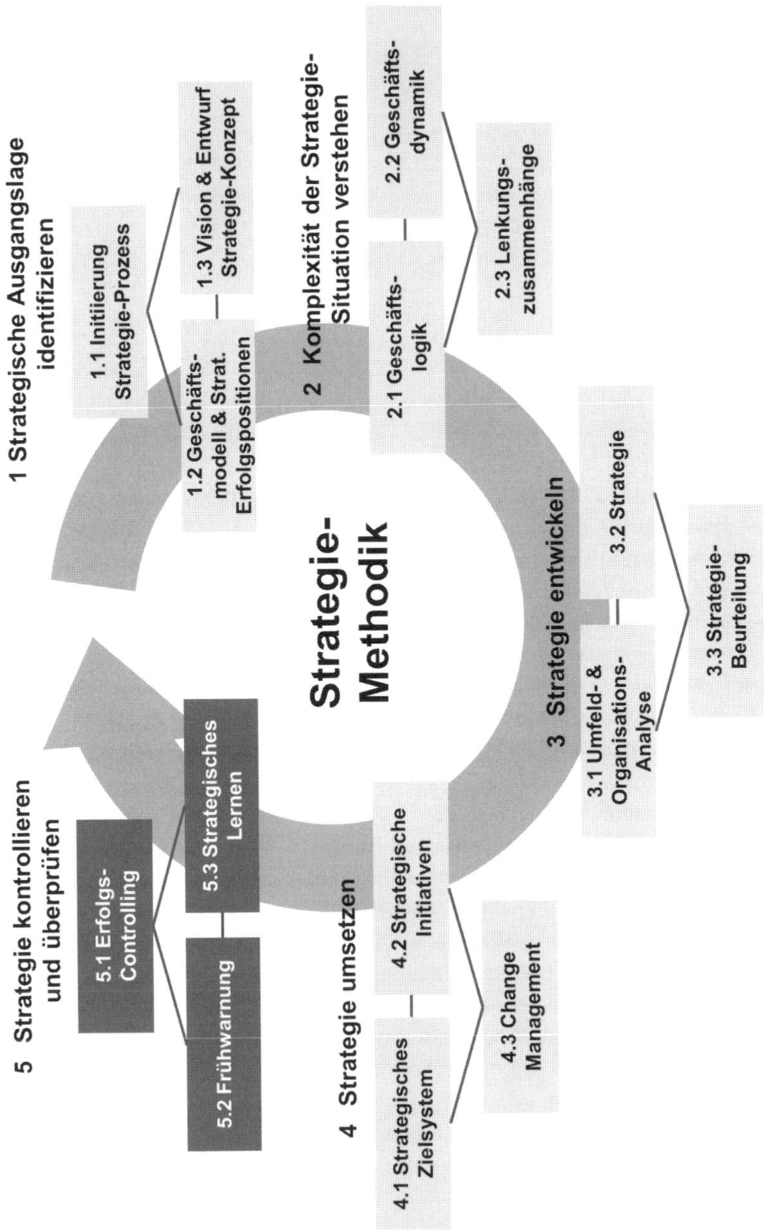

Abb. 6.1 Strategie-Methodik: Strategie kontrollieren und überprüfen

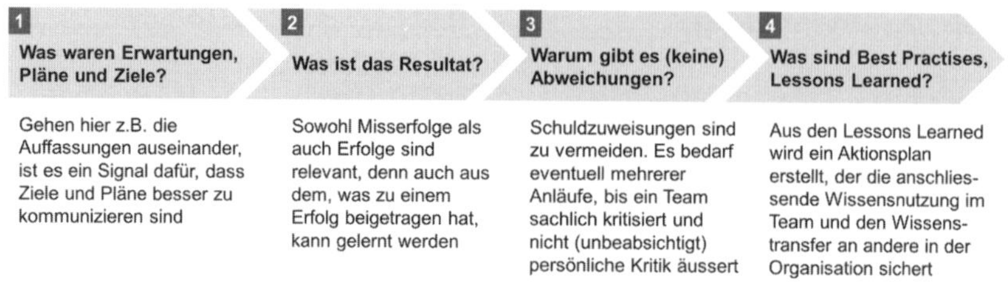

Abb. 6.2 Die vier Schritte des After Action Review

Die an der Harvard-Universität entwickelte AAR-Methode fand ihre erste, breite Anwendung im US-Militär, aber ist dank ihres Pragmatismus vielseitig einsetzbar: Sie ermöglicht ein gemeinsames, schnelles und zugleich strukturiertes ad hoc Lernen. Sie kann sowohl in hektischen Situationen, in denen das Gelernte sofort wieder anzuwenden ist, als auch bei längerfristig festgelegten Terminen auf unterschiedlichen Abstraktionsebenen praktiziert werden. Von den täglichen Konferenzen in Zeitungsredaktionen ist beispielsweise die „Manöverkritik" bekannt. Hier wird besprochen, wie die gestrige Ausgabe gelaufen ist und was für die nächsten Ausgaben daraus gelernt werden kann. Ähnlich können die Leitungen der strategischen Initiativen diese Methode regelmäßig in ihren Teams einsetzen, um die Umsetzung zu verbessern. Wesentlich ist, dass sie dafür ein Klima von Offenheit und Respekt schaffen, in dem alle zu Wort kommen, aber es gleichzeitig zeitlich straff halten. Ein AAR sollte höchstens eine Stunde Zeit in Anspruch nehmen (vgl. [1]).

Zusammen setzen das Controlling und die Leitungen dann die Programm-Steuerung über ihre Ergebnisse in Kenntnis. So wird die Trennung zwischen „Kontrolleure" und „Überwachte" vermieden. Gleichzeitig erzielt ein solches Vorgehen Lerneffekte bei allen Beteiligten. Erst anhand dieser Analysen und Empfehlungen kann die Programm-Steuerung sinnvolle Verbesserungen einleiten.

Damit Aussagen über Fortschritte getroffen werden können, empfiehlt es sich, das strategische Zielsystem und die damit verknüpften Messgrößen, Ziel- und Etappenwerte für mindestens ein Jahr unverändert zu lassen.

Kurzcheck Erfolgs-Controlling

- Sind bei Ihnen die Verantwortlichen für das Erfolgs-Controlling benannt?
- Ist den anderen bekannt, in welchem Rhythmus sie welche Daten und Informationen an das Erfolgs-Controlling geben sollen?
- Wo können Sie selbst in der Umsetzung die AAR-Methode einsetzen?

6.2 Frühwarnung

Die Frühwarnung trägt dem Rechnung, dass die Strategiesituation im Fluss ist. Mit ihr werden wichtige, neue interne und externe Entwicklungen in ihrer Entstehungsphase erfasst. Das gibt einer Organisation die Gelegenheit, schneller und problemadäquater agieren zu können, anstatt zu einem ungünstigen Zeitpunkt zur Reaktion gezwungen zu werden.

Dazu werden zunächst die möglichen, strategisch wichtigen Entwicklungen bestimmt. Wichtig sind sie, wenn sie die Prämissen der Strategie, die Wirksamkeit der strategischen Ziele oder die Durchführung der strategischen Initiativen tangieren. Erste Ansatzpunkte für ihre Identifikation sind die Organisations- und die Umfeld-Analyse. Allerdings gehen diese nur auf das ein, was zum Zeitpunkt der Strategie-Entwicklung bekannt war. Deshalb ist zudem nach neuen, wesentlichen Trends Ausschau zu halten. Leitende Fragen sind:

- Welche Umstände können die Annahmen, auf denen die Strategie basiert, rasch und signifikant beeinflussen?
- Was wurde in der Strategie-Entwicklung bewusst weitgehend unberücksichtigt gelassen, aber sollte dennoch im Auge behalten werden?
- Was zeigt das Erfolgs-Controlling: Welche Faktoren beeinflussen die Durchführung der strategischen Initiativen und ihre Wirksamkeit auf die strategischen Ziele hin?

Für alle relevanten Trends werden dann aus dem Netzwerk die Faktoren selektiert, die bei ihrer Warnung der Organisation noch genügend Zeit für eine Reaktion lassen. So ist ein Frühwarn-Indikator untauglich, der sechs Monate vorher vor einer Gefahr warnt, auf deren Eintreffen sich eine Organisation jedoch neun Monate vorbereiten müsste. Zur Auswahl geeigneter Anzeichen sind die Beziehungen im Netzwerk entgegen den Pfeilrichtungen zurück zu verfolgen. Es gilt, die zu identifizieren, die einerseits sachlich und zeitlich passend sind, andererseits einfach und deutlich zu beobachten sind. Die selektierten Indikatoren sind im weiteren Verlauf zu überprüfen, ob sie zuverlässig warnen.

Als Beispiel zeigt Abb. 6.3 das Netzwerk des Flottenmanagements der Schweizerische Bundesbahnen (SBB) für den Personenfernverkehr. Die fett gedruckten Begriffe sind Teil des Netzwerk-Motors. Aus diesem Netzwerk wurden für die Frühwarnung die mehrere Indikatoren ausgewählt (vgl. Tab. 6.2).

Die Frühwarn-Indikatoren sind in verschiedenen Bereichen und auf verschiedenen Ebenen beobachtbar. So ist für das Beispiel anzunehmen, dass die

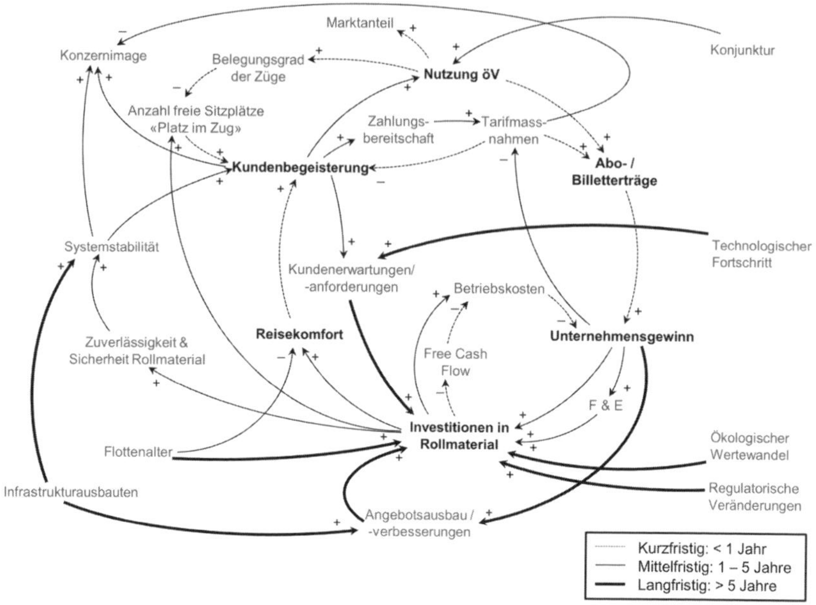

Abb. 6.3 Netzwerk des SBB-Flottenmanagements Fernverkehr

Kundenbegeisterung und das Konzernimage vom Marketing erhoben werden. Über die Zuverlässigkeit und Sicherheit des Rollmaterials kann die Technik Auskunft geben. Und die Systemstabilität sowie das Flottenalter werden vom Controlling nachgehalten. Entsprechend ist es sinnvoll, verschiedene Mitarbeitende in die Erarbeitung von Frühwarn-Indikatoren einzubeziehen. Gleichzeitig werden sie so sensibilisiert und können das Programm-Controlling oder die für die Frühwarnung verantwortliche Funktion beim späteren Monitoring unterstützen.

Kurzcheck Frühwarnung

- Welche Netzwerk-Faktoren sind Ihre Frühwarn-Indikatoren?
- Wovor warnen sie? Welchen zeitlichen Vorlauf haben sie zum Ereignis?
- Wie oft erheben Sie sie?
- Reicht die Zeitspanne von der Erhebung bis zum Eintreffen des Ereignisses für Ihre Organisation aus, um sich auf das Ereignis vorzubereiten und wirksame Gegenmassnahmen zu treffen?

Tab. 6.2 Frühwarn-Indikatoren des SBB-Flottenmanagements

Frühwarn-Indikator	„Wie & Was" der Messung	Gibt Hinweise auf ...	Frühwarnzeit
Kundenbegeisterung	Monatliche Kundenumfrage	Belegungsgrad der Züge, Nutzung ÖV	Quartal
Zuverlässigkeit und Sicherheit Rollmaterial	Messung der Zugausfälle und der WC-Verfügbarkeit	Zukünftige Investitionsbedarfe in Rollmaterial	½ Jahr
Free Cash Flow (FCF)	Messung der Zahlungsströme	Investitionskraft und Fremdfinanzierungsgrad	Quartal
Systemstabilität	Messung der Zugpünktlichkeit/ Verspätungen/ Zugausfälle	Erweiterungsbedarfe Netzkapazität	Quartal
Konzernimage	Monatliche Umfrage zum Image	Zukünftige Belegungsgrade Züge	½ Jahr
Flottenalter	Statistische Werte zum Alter der rund 2000 Fahrzeuge	Überalterung der Flotte; notwendige Investitionen	5 Jahre

6.3 Strategisches Lernen

Nur durch ein bewusstes und konsequentes strategisches Lernen kann eine Organisation in der Entwicklung und Umsetzung ihrer Strategie besser werden. Das erfordert Reflexion, Analysen und Schlussfolgerungen, für die sich die Beteiligten Zeit nehmen sollten. Zu häufig wird dies vernachlässigt, entweder weil die Strategie erfolgreich eingeführt oder zwischenzeitlich überholt und irrelevant wurde. Jedoch: Erfolg kann blind machen gegenüber neuen Entwicklungen, Prozesse können zu unhinterfragten Routinen verkommen, Werte können zu leeren Worthülsen werden. Auch bei offensichtlichen Misserfolgen initiieren einige Organisationen noch keinen systematischen, sachlichen Lernprozess.

Zwei Eckpfeiler für solche Lernprozesse sind schon vorgestellt worden: das Wissensmanagement (vgl. Abschn. 6.3.2) und die AAR-Methodik. Im Strategie-Prozess kommt ein regelmässiger Strategie Review hinzu. Dabei passt die Programm-Steuerung die Strategie an die bisher gesammelten Erkenntnisse an. Idealerweise gestaltet die Programm-Steuerung die Strategie-Überprüfung zusammen mit den zentralen Wissens- und Entscheidungsträgern der Strategie. Das können das

Strategie-Team, die Geschäftsleitung, die Leitungen der strategischen Initiativen, das Programm-Controlling und weitere wesentlich Beteiligte sein. Die Grösse des Teilnehmerkreises muss jedoch noch ein gemeinsames Arbeiten erlauben.

Die Teilnehmenden am Strategie-Review stellen erstens den aktuellen Stand der Strategieimplementierung fest. Dazu ist der Zielerreichungsgrad für jedes strategische Ziel anhand des Erfolgs-Controllings zu ermitteln. Für festgestellte Abweichungen sind Erklärungen zu suchen und ein besseres System-Verständnis zu gewinnen. Dazu überprüfen und aktualisieren die Teilnehmenden zunächst das Netzwerk und die Umfeld- und Organisations-Analysen:

- *Netzwerk*: Sind die im Netzwerk gezeichneten Kausalitäten, zeitlichen Abhängigkeiten und Einflussstärken zwischen den Faktoren nach wie vor gültig? Fehlen wichtige Faktoren, sind Faktoren unwesentlich geworden?
- *Umfeld- und Organisations-Analysen*: Welche strategisch relevanten Veränderungen haben sich seit der Strategie-Entwicklung im Umfeld und innerhalb der Organisation ergeben? Hat sich die strategische Relevanz einiger Themen verändert? Falls das Netzwerk angepasst werden musste: Inwiefern verändert dies die Schwerpunkte der Analysen?

Im Anschluss daran fragen sie: Welche Konsequenzen sind daraus für die Strategie zu ziehen? Wo muss sie gegebenenfalls verändert werden? Schließlich passen sie das strategische Zielsystem und die strategischen Initiativen ebenfalls an. So schliesst sich der Kreis: Mit der Strategie-Überprüfung beginnt der Strategie-Prozess wieder von vorne, allerdings mit mehr Erfahrung dank des strategischen Lernens.

Kurzcheck Strategisches Lernen

- Haben Sie für die Strategie-Überprüfung bereits einen Termin vorgesehen?
- Welche Lehren, welches Wissen erfassen Sie für zukünftige Strategieprozesse?

Literatur

1. Garvin, D. A. (2003). *Learning in action: A guide to putting the learning organization to work* 3. Aufl. Cambridge: Harvard Business Review Press.

7 Zum Schluss

Zusammenfassung

Strategie ist das, was alle Beteiligten daraus machen. Denn ein noch so guter Plan nutzt wenig, gelangt er nicht zur Anwendung. Die Intention des Strategie-Leitfadens ist es, diesen Weg zu begleiten und die Strategieverantwortlichen zu stärken. Deshalb finden sich zum Schluss über alle Schritte hinweg noch einige Denk- und Handlungsanstösse.

Als Anwendende, Betroffene, Lernende und Neugierige haben Sie den Strategie-Leitfaden nun durchgelesen, vielleicht bereits durchgearbeitet. Manchmal mögen Sie sich gedacht haben: „Die Messlatte für eine gute Strategie-Entwicklung und -Umsetzung liegt recht hoch." Lassen Sie sich dadurch nicht abschrecken: Strategie ist schliesslich das, was Sie daraus machen. Und zwar wörtlich: Denn ein noch so guter Plan nutzt wenig, gelangt er nicht zur Anwendung. Die Intention des Strategie-Leitfadens ist es, Sie auf diesem Weg zu begleiten und zu stärken. Schritte übergreifend finden Sie hier deshalb noch einige Denk- und Handlungsanstösse für Strategieverantwortliche:

- **Vertrauen Sie auf sich**. Sie selbst kennen Ihren Organisations-Kontext zumeist gut. Vertrauen und bauen Sie deshalb im Strategie-Prozess auf Ihr Wissen, Ihre Erfahrungen und Ihre Intuition.
- **Fokussieren Sie auf das Wesentliche**, auf die Arbeiten, auf die es für den Erfolg der Strategie wirklich ankommt. Arbeiten Sie dazu die zentralen Fragestellungen heraus, gehen Sie mitunter gar hypothesengetrieben vor. So vermeiden Sie es besonders in der Analyse-Phase, von der Fülle der Daten, Fakten und Informationen in Ihrem Denken, Entscheiden und Handeln gelähmt zu werden. Orientieren Sie sich zudem am Pareto-Prinzip. Es besagt, dass Ursache und Wirkung in vielen Fällen in einem Verhältnis von 20 zu 80 stehen: Mit 20 %

G. Probst, C. Wiedemann, *Strategie-Leitfaden für die Praxis*,
DOI 10.1007/978-3-658-02159-7_7, © Springer Fachmedien Wiesbaden 2013

Aufwand erreichen Sie 80 % der Ergebnisse bzw. 80 % der Ergebnisqualität. Für das restliche Fünftel ist abzuwägen, wie viel Aufwand es Ihnen wert ist. Als ein weiteres Hilfsmittel bietet sich die Eisenhower-Matrix an, die Sie für die Priorisierung der strategischen Initiativen (siehe Abschn. 6.2.1) kennen gelernt haben: Sie hilft, Themen entlang der zwei Dimensionen Wichtigkeit und Dringlichkeit einzuordnen.

- **Vermeiden Sie lineares, eindimensionales Denken**. Werden Sie stattdessen der Komplexität im Organisationsalltag gerecht, indem Sie bei der Strategie-Entwicklung und -Umsetzung verschiedene Perspektiven einnehmen, Wechselwirkungen im Netzwerk berücksichtigen (siehe Kap. 4) und dabei den Gesamt-Kontext und die Langzeitwirkungen nicht aus den Augen verlieren.
- **Strukturieren Sie den Prozess ähnlich einem Projekt**. Zerlegen Sie die Schritte in noch kleiner dimensionierte Aktivitäten, planen Sie Zeit für Ungeplantes ein, streben Sie auf Meilensteine zu, und feiern Sie mit Ihrem Team Erfolge.
- **Navigieren Sie gut in bestehenden Machtverhältnissen**. Identifizieren Sie bei der Analyse der Anspruchsgruppen (siehe Abschn. 3.1.2) zugleich bereits mögliche Promotoren und Sponsoren, wie sie in Abschn. 6.3.4 vorgestellt werden. Vielleicht unterscheiden sich die für die Phase der Strategie-Entwicklung von denen in der -Umsetzung. Mobilisieren Sie alle früh zugunsten der Stärkung Ihres Strategie-Prozesses.
- **Kommunizieren Sie bewusst während des Strategie-Prozesses**. Das schliesst ein, dass Sie nicht nur Informationen weitergeben, sondern mit verschiedenen Gruppen in Dialoge treten und diese empfängergerecht – sowohl was Zeitpunkt, Form und Inhalte anbelangt – gestalten. Einerseits leiten Sie dabei Ihre Ziele und Bedürfnisse, andererseits haben Ihre Zielgruppen, ausgehend von ihrem jeweiligen Kenntnisstand, ebenfalls Ziele und Erwartungen. Mit treffenden Worten, klaren Sätzen, schlüssigen Gliederungen, lebendigen Bilder und gekonnten Visualisierungen erleichtern Sie diese Dialoge. Sofern es geschäftspolitisch erwünscht ist, kommunizieren Sie auch bereits in der Entwicklungsphase Fortgang und Fortschritte gegenüber anderen Mitarbeitenden als Start des Change Managements (siehe Abschn. 6.3). Je nach Organisationskultur erleichtert eine frühe Kommunikation die spätere Umsetzung.
- **Leben Sie die Rolle des Anführers**. Leiten Sie Ihr Strategie-Team an, fordern und fördern Sie es und vertreten es auch entsprechend nach aussen (siehe auch Abschn. 6.3.1).
- **Scheuen Sie sich nicht, Fehler zu machen**. Stattdessen erweitern Sie mittel- und langfristig Ihre strategische Lernkompetenz. Denn wie das Sprichwort „Wo gehobelt wird, da fallen Späne" andeutet: Fehler, Missverständnisse, Ineffizienzen passieren im Eifer des Gefechts. Dann gilt: Machen Sie es das nächste

Mal besser. Führen Sie dazu beispielsweise das „After Action Review" (AAR) ein. Wenden Sie die in Abschn. 7.1 vorgestellte Methode bereits während der Strategie-Entwicklung an, um einen systematischen Lernprozess mit Ihrem Team zu forcieren. Achten Sie im Sinne der strategischen Lernkompetenz ebenso darauf, dass die Erkenntnisse aus der Strategie-Umsetzung wieder in den nächsten Strategie-Prozess einfliessen.

- **Seien Sie mutig und ehrlich**. Nur wenn Sie kritisch, offen und ehrlich die Fakten auf den Tisch legen, werden Sie Änderungen und neue Wege wirklich einleiten können. Denn vergessen Sie nicht, es braucht Dringlichkeit beziehungsweise Leidensdruck, um Änderungen auszulösen.

Viel Erfolg und zugleich viel Spass dabei wünschen Ihnen
Gilbert Probst und Christian Wiedemann